App Inventor 创意趣味编程

◆ 吴明晖　金　敏　主编
◆ 李　瑶　程陶奕　谢奕女　副主编

電子工業出版社
Publishing House of Electronics Industry
北京 · BEIJING

内容简介

可视化模块编程工具 App Inventor 像一个魔法师，不仅激发了学生利用“手机”进行“创造”的热情，也成就了广大信息技术教师“让手机用于教育”的想法。

本书内容丰富，应用性和趣味性强，是作者多年来在 App Inventor 领域教学研究成果的系统化凝练。在案例的选择上，将学生喜闻乐见的素材整合到 App Inventor 教学中，体现了项目的趣味性和生活化。本书选择了学生熟悉的情境，把每个案例都融合在校园课堂中，选用贴近学生实际生活的学习素材，更容易激发学生的学习兴趣。

本书配有多媒体课件、案例素材和源代码等教学资源，免费向任课教师提供。

本书适合作为对移动应用开发感兴趣的科技人员、计算机爱好者及各类自学人员的参考书，也可供中小学信息技术教师参考。

图书在版编目（CIP）数据

App Inventor 创意趣味编程 / 吴明晖，金敏主编 . —北京：电子工业出版社，2017.9
ISBN 978-7-121-31393-6

Ⅰ . ① A…　Ⅱ . ①吴… ②金…　Ⅲ . ①移动终端—应用程序—程序设计—高等学校—教材
Ⅳ . ① TN929.53

中国版本图书馆 CIP 数据核字（2017）第 078293 号

策划编辑：章海涛
责任编辑：章海涛
印　　刷：涿州市般润文化传播有限公司
装　　订：涿州市般润文化传播有限公司
出版发行：电子工业出版社
　　　　　北京市海淀区万寿路 173 信箱　邮编：100036
开　　本：787×1092　1/16　　印张：10.25　　字数：243 千字
版　　次：2017 年 9 月第 1 版
印　　次：2022 年 12 月第 11 次印刷
定　　价：39.00 元

编者的话

数码原住民

我们正处在一个数字化社会，被这个时代称为“数字原住民”（Digital Native）。我们习惯对着手机吐槽自拍，游戏休闲，购物导航……“人是铁，饭是钢，找不到手机最惊慌！”然而并非手机有无穷魅力，勾魂的是数不清的APP。只要一机在手，点击一个个APP图标，我们似乎就可以忽略时空的限制，进入自己的专属世界。

那么，在你心目中是不是也有一个特别的APP，一个自己专属的APP，它或许是一个能帮助你学习的手机应用，或者仅仅是一个有趣好玩的应用，又或许在这个应用中的角色是你和你的家人。是的，我们能不能将心中的想法转化为应用原型，自己动手制作一个手机应用，利用移动计算机技术来满足个人的需求呢？

答案是肯定的，App Inventor可以帮助你实现心中的这个“APP”。

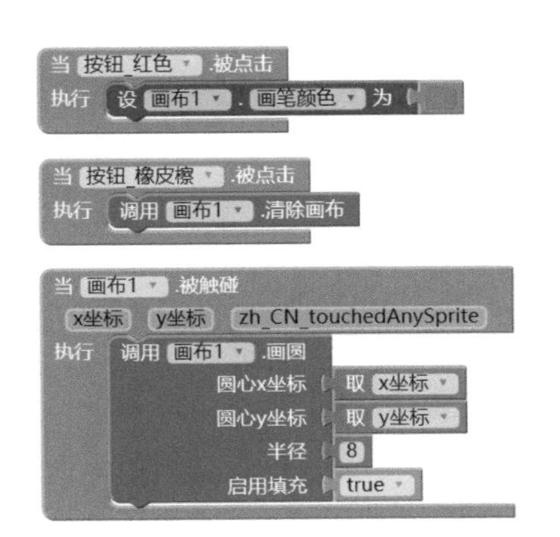

App Inventor是一个可视化，可拖拽的编程工具，用于在Android平台上构建移动应用。利用基于Web的图形化的用户屏幕生成器，可以设计应用的用户屏幕（外观），然后像玩拼图玩具一样，将“块”语言拼在一起，来定义应用的行为。引用App Inventor之父Harold Abelson（MIT教授）的话：“App Inventor编写的应用程序或许不是很完美，但它们却是普通人都能做的，而且通常是在几分钟内就可完成。”

你能猜出以下用App Inventor块语言来定义应用的

点击红色按钮，将画布的画笔颜色设为红色。

点击橡皮擦按钮，将画布上的图案清空。

触碰画布，在坐标 (x, y) 上画一个半径长度为 8 的实心圆。

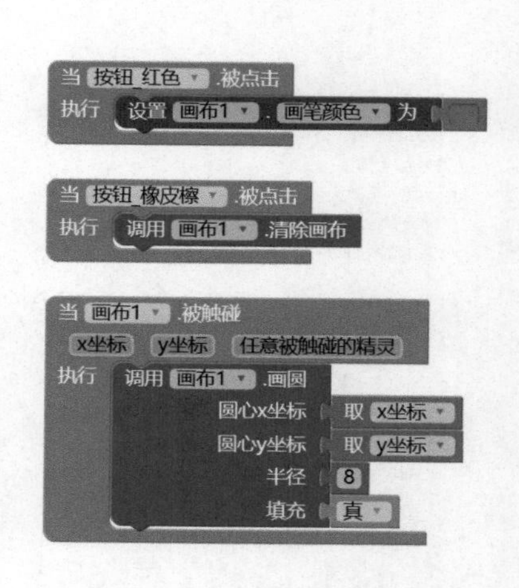

这就是一款简单的“涂鸦板”手机应用。可以看到，比起传统的程序代码，这些块语言更容易理解，你还可以结合自己的生活经验加入更丰富的功能，比如在“涂鸦板”应用中可以设计一块调色板用来设置画笔多彩的颜色；可以将所绘制的图片保存在手机中等。动动脑筋，我们还能将“涂鸦板”改编设计出更富有创意的手机应用，比如“签名吧”，打开手机中的照片作为画布背景，虚拟签名，在这里你可以潇洒地挥笔写下“大圣到此一游”。

此时的你是否已满怀期待、跃跃欲试，赶快打开这本书吧，当你合上书时肯定会获益匪浅。在这本书中，你将经历一次充满发现，充满奇迹的旅行。让我们用 App Inventor 拼出梦想中的创意，诠释心中的世界！

本书是作者多年来在 App Inventor 领域教学成果的凝练和体现，在 Google 公司的大力支持，先后承担了 Google 精品课程、Google 教材出版资助计划项目、Google 中小学计算机课程开发资助项目的建设。本书的主体内容多次在 App Inventor 全国师资培训班上讲授并不断完善。

本书由浙江大学城市学院的吴明晖教授、杭州建兰中学的金敏老师担任主编，杭州采荷实验学校的李瑶老师、杭州高新实验学校的程陶奕老师、杭州青少年活动中心的谢奕女老师担任副主编，共同完成了本书的编写工作。特别感谢 Google 中国教育合作项目部的朱爱民经理和邓倩女士，以及杭州开元中学的史桂丽、王晓媛老师、杭州观成中学的许璐老师，他们也参与了部分编写工作。同时，很多参加过该课程师资培训的教师朋友们，他们为本书提了很多很好的意见和建议。

由于作者水平有限，时间仓促，书中难免有欠妥之处，敬请广大读者批评指正。

读者也可以关注微信公众号“AppMOOC”或加入 QQ 群 647665840 保持沟通交流，共同推进 App Inventor 的学习和分享。

目　录

第 11 章　小伢儿上学去（课表）

第 12 章　背得快

第1章 拼出我们的世界

我相信，打开这个课程之门的你，一定是一个充满好奇心又敢于挑战的读者！你满怀期待、跃跃欲试，你希望将心中的创意转化为手机应用，可以向他人展示你的成果；或许你还有一丝担忧，编制一个 APP，这听上去像是一项复杂的工程，没有编程经验是否可以呢？其实一切都不用担心，只要你有热情、有想法、敢行动，跟着这本书一步一步来，就能成为一个小创客！

内容提要

- App Inventor 简介。
- 访问并注册 App Inventor 2 开发网站。
- App Inventor 2 开发环境。
- APP 的开发过程。

1.1 App Inventor 简介

App Inventor 是由 Google 公司开发的一款在线开放的 Android 编程工具软件，它于 2012 年 1 月被移交给麻省理工学院 MIT 行动学习中心，并由 MIT 发布使用，目前已经发布了第 2 版，具有如下特点：

① 方便的环境搭建：采用浏览器 + 云服务模式，不需复杂软件安装；同时，所有开发代码储存在云端服务器上，方便开发者在任何一台机器上进行开发，并且保证了源代码的一致性和安全性。

② 简单的开发过程：不需关注复杂的语法规则，通过图形化积木式的组件拖放来完成 APP 开发，没有编程基础的用户也可以开发 APP。

③ 丰富的组件模块：如多媒体类、传感器类、乐高机器人组件等，方便开发者实现创意。

④ 强大的调试功能：通过 AI 伴侣进行调试，所有代码的变更会自动同步到进行调试的手机或者模拟器中，不需重装应用，就可以看到最新效果。

1.1.1 APP 开发过程

开发一个项目的流程可以概括地用一个公式加以描述：

项目开发 = 创意构思 + 屏幕设计 + 功能设计 + 测试运行

与此对应，利用 App Inventor 开发 APP 的过程就是：

APP 开发 = 创意构思 + 组件设计 + 逻辑设计 + 连接调试

那么，用 App Inventor 可以创建怎样的应用？

App Inventor 既方便，又强大，发挥你的想象力，就可以创建出各种有趣又实用的应用。在课程中，我们将一同经历和体验 APP 的开发过程。将根据现实场景，提出问题，转化成 APP 开发需求，进而对 APP 进行创意构思、组件设计、逻辑设计、连接调试，逐步掌握 APP 程序设计的基础知识和基本方法，使你爱上程序设计，成为移动互联网世界的创造者！

1.1.2 创意构思

想象，是无限创造力的起源！你和同伴可以一起自由参与、自由想象、开动脑筋、积极创造，打开广阔的思维空间。不妨信手涂鸦，做个“白日梦”，让大脑自由漫游，尽量不要感受到一丝压力。尽可能提出创意，甚至是古怪的想法。不要去分析某个想法是否可行，更不要一上来就把某个想法一棍子打死，“想象”（如图 1-1 所示）之后，会发现“那些看似疯狂的想法中其实可能蕴藏着最佳解决方案”。

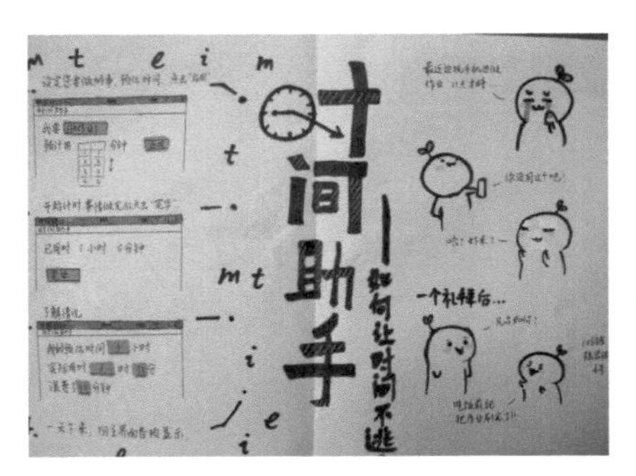

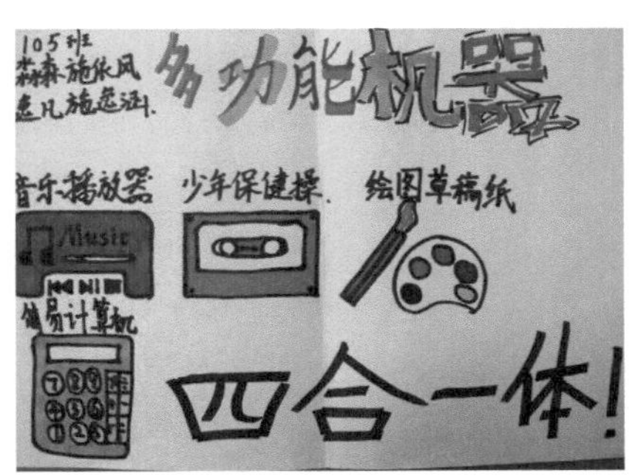

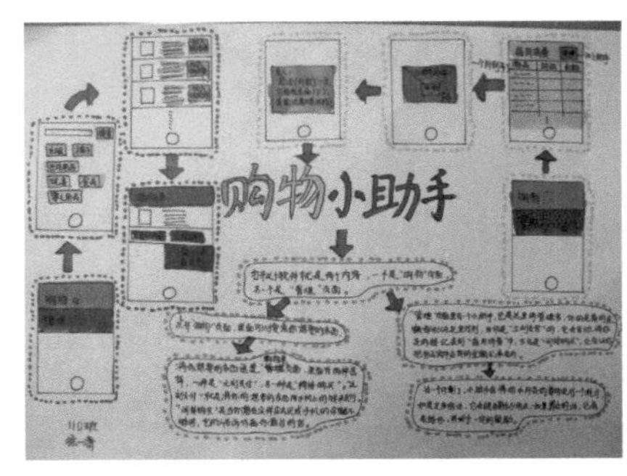

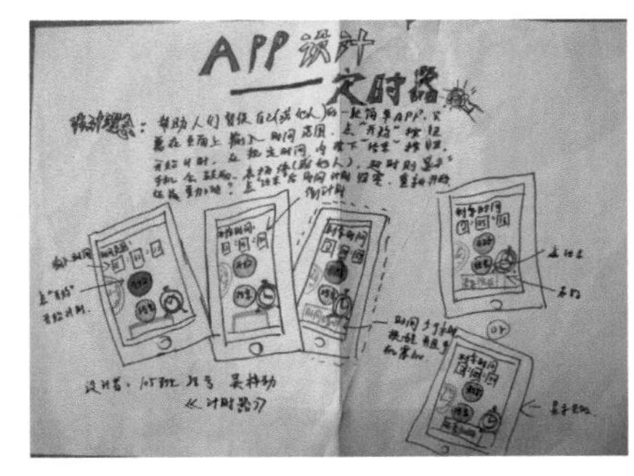

图 1-1　学生的创意构思

小小创客记

用文字说明或用草图绘制出你最想创作的应用。

中国移动 08:32

____

____

____

____

1.2　访问 App Inventor 2 开发平台

AI2 平台简介

App Inventor 2（以下简称“AI2”）需要连接网络，在 Web 浏览器上运行，具体操作如下。

（1）检查所使用的操作系统和浏览器是否支持 AI2 开发，如表 1-1 所示。

表 1-1　App Inventor2 进行开发的一些基本环境要求

操作系统	Macintosh（采用 Intel 处理器）：Mac OS 10.5/10.6
	Windows：Windows XP/Vista/7/8/10
	GNU/Linux：Ubuntu 8 或者更高版本，Debian5 或者更高版本
浏览器	Mozilla Firefox3.6 或更高版本
	Apple Safari5.0 或更高版本
	Google Chrome4.0 或者更高版本
	Internet Explore 不支持
移动终端	Android，操作系统 2.3 或者更高版本

备注：App Inventor 的官方网址 http://Appinventor.mit.edu/，更多信息可参看相关介绍。

（2）打开浏览器，访问国内服务器 http://app.gzjkw.net/。AI2 完全基于浏览器开发安卓应用，如果使用的浏览器并不在 AI2 的支持范围内，AI2 会给出提示。

（3）完成自己的账户建立。申请新账号→输入电子邮箱地址→发送链接→设置密码，如图 1-2 所示。当然，也可以用 QQ 号码登录。

图 1-2　广州教科网 App Inventor 2 开发网站首页

1.3 创建第一个 App Inventor 项目

登录后进入开发屏幕，如图 1-3 所示。

图 1-3 开发屏幕

网页最上方有一排菜单，菜单功能如表 1-2 所示。

表 1-2 App Inventor2 菜单功能

项目	包含对项目的操作，具体如下：新建、删除、通过源代码导入项目和通过模板导入项目等；保存、另存、为项目设立检查点；导出单个或全部项目代码；上传、下载和删除密钥等
连接	包含 3 种连接模式（通过 AI 伴侣、模拟器和 USB 进行连接），还有重置连接和强行重置功能
打包 apk	包含编译后获取 APK 打包文件的方式：一是"打包 apk 并显示二维码"，可以通过手机直接扫描二维码来下载安装 APK 包；二是"打包 apk 并下载到电脑"，可以把打包好的 APK 包下载到本地计算机
帮助	包含所有帮助信息的链接，如平台信息、AI 伴侣下载和更新等
我的项目	包含所有的项目列表
简体中文	切换开发页面的语言，包括英语、西班牙语、意大利语、俄罗斯语、繁体中文等
账号名	退出已登录账号

从系统的模板库中导入第一个 App——HelloPurr，如图 1-4 所示。

1.3.1 熟悉开发环境

当导入模板项目后，就会进入组件设计视图（如图 1-5 所示）。App Inventor 采用可视化的设计开发方法，将"组件面板"中的组件拖至"工作面板"，就像设计 APP 最终运行的屏幕效果图一样。当向屏幕 Screen1 中拖放某些组件后，这些组件会显示在"组

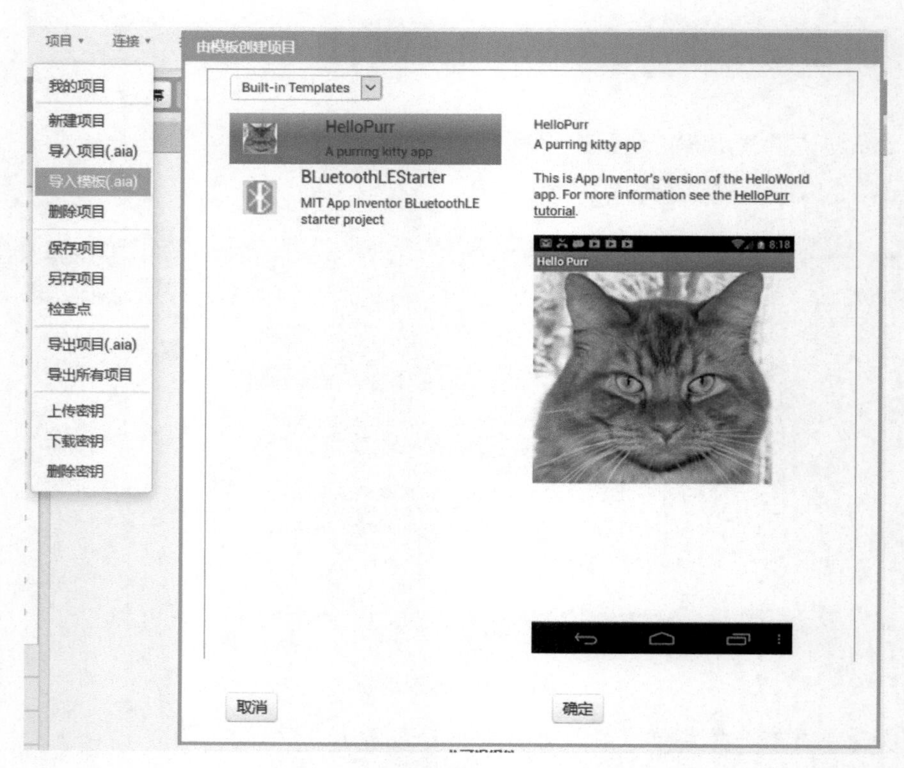

图 1-4 导入模板 HelloPurr

图 1-5 组件设计视图

小小创客记

仔细观察“HelloPurr”的组件设计屏幕，积极思考：它用了哪些组件？这些组件起什么作用？这些组件都设置了哪些属性？

____

____

____

____

件列表”中。在“工作面板”或者“组件列表”中选择任意组件，便会在“组件属性”中出现其对应的属性。

开发页面右上角有两个按钮，用于切换组件设计视图和逻辑设计视图，如图 1-6 所示。

组件设计　逻辑设计

图 1-6　切换按扭

切换到逻辑设计视图（如图 1-7 所示），最左列是“模块”栏，列出了所有内置块和该屏幕中所有组件。左下方是“素材”栏，可用于直接上传素材文件。“工作面板”占据了大部分空间，其左下角显示的是当前项目中出现的错误或者警告个数；右上方是一个书包，可以实现多个屏幕之间的代码复制；右下方是一个垃圾桶，可以把不要的积木块放进去，从而实现删除功能；工作面板的中间空白部分就是进行代码块拼接的场地了，可以随着模块增加而滚动显示。

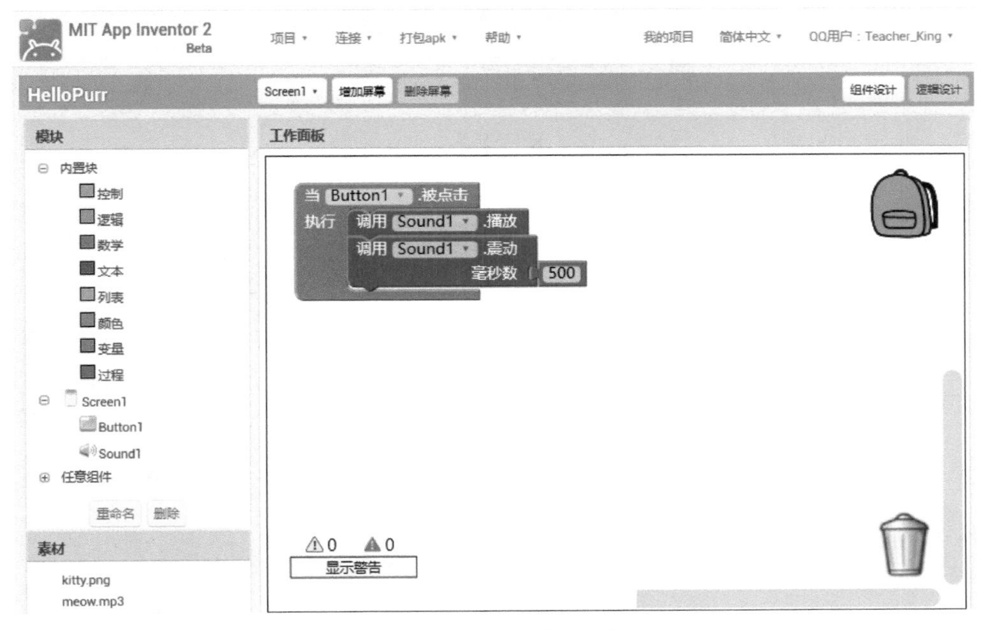

图 1-7　逻辑设计视图

小小创客记

仔细观察逻辑设计屏幕，积极思考：用了哪些模块，你能找到这些模块吗？你能尝试拼一拼、读一读这些模块吗？

模块是“凹凸”的。只有“凹凸”配对成功，模块才能够拼接，会发出“咔塔”声。当逻辑设计正确完成后，就可以赋予 APP 行为，实现相应的功能。

模块是“多彩”的。在内置块中，“控制”是土黄色，“逻辑”是黄绿色，“数学”是蓝色，“文本”是玫红色，“列表”是浅蓝色，“颜色”是灰色，“变量”是橙色，“过程”是紫色。单击模块栏中任何一个组件，会弹出该组件所关联拥有的编程模块（如图 1-8 中 Sound1 的关联模块），土黄色模块表示触发事件，深绿色模块用来设置属性，浅绿色用来读取属性，紫色模块表示调用方法。注意，触发事件模块总在最外层，其他模块总被“包裹”在里面。

图 1-8 Sound1 关联模块

在图 1-8 中，事件处理模块发生时会执行内部模块，调用过程模块提供了预设的功能，属性取值模块用于获取该组件某个具体属性的值。

1.3.2 连接调试

App Inventor 2 提供了 3 种连接调试方式。这里介绍 AI 伴侣方式，即使用安卓设备和无线网络进行连接测试，这是推荐的连接方法。

在调试前，需要做两点准备工作：① 要将计算机和安卓设备连接到同一网络（相同网段）；② 在安卓设备中安装 AI 伴侣 APP——"MIT AI2 Companion"。单击"帮助"菜单，选择"AI 同伴信息"（如图 1-9 所示），可以通过扫描二维码的方式获取。

图 1-9 安装"MIT AI2 Companion"

然后单击"连接"菜单，选择"AI 伴侣"，就会显示一个"二维码"及"编码"，如图 1-10 所示。

图 1-10 连接伴侣程序

在安卓设备中开启"MIT AI2 Companion"应用（如图 1-11 所示），点击"scan QR code"按钮，扫描二维码。几秒钟后，正在开发的 APP 就会显示在你的安卓设备上了，并且还是实时调试的。如果你的手机没有摄像头，或者其他原因无法扫描，也可以直接将连接伴侣程序中 6 位编码输入到"方框"中，然后点击"connect with code"按钮。

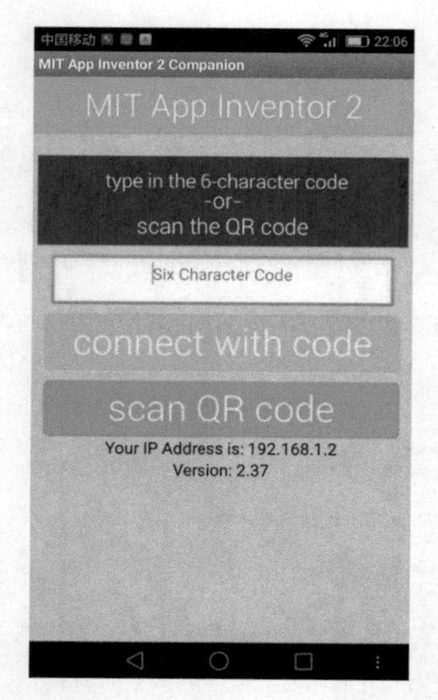

图 1-11　AI 伴侣 APP 运行屏幕

小小创客记

通过连接调试，观察这个 APP 实现了怎样的功能？你想如何进一步丰富它的功能？

____

____

____

____

____

____

1.3.3　打包 APK 文件

与手机连接成功后，可以直接在开发网页上方，选择“打包 apk”（如图 1-12 所示），生成可以安装到手机的 Android APP 安装包。有两种方式可供选择：

①“打包 apk 并显示二维码”。这种方式会在服务器端打包生成 APK，并给出一个可供下载的二维码。用户可以直接扫码进行 APP 的下载。这种方式不必把 APK 安装包下载到计算机上，对于调试比较方便。但这个二维码下载链接只有两个小时的有效期，过期就不能下载了。

图 1-12　打包 APK

②“打包 apk 并下载到电脑”。打包生成好 APK 后，会把这个 APK 安装包下载到计算机上。用户可以通过其他方式安装到自己的手机。这种方式可以直接把 APK 文件分享给他人，方便他人安装。

1.3.4　导出和导入项目源代码 AIA 文件

APK 安装包文件可以在 Android 手机上直接安装，但 APK 文件是不能直接修改和编辑的，如果想做一些 APP 界面和功能上的修改，只有 APK 文件不行，这时需要该 APP 的项目源代码文件。App Inventor 支持 APP 项目的源代码文件导出和导入，如图 1-13 所示。

点击“导出项目(.aia)”菜单命令后，会通过浏览器下载一个“HelloPurr.aia”的文件，这就是App Inventor中“HelloPurr”这个项目的源代码文件，以“aia”作为文件后缀名。（也就是文件名中点后面的字符串，通常采用不同的文件后缀名来标识不同的文件类型，如“apk”是Android的安装包文件，“txt”是文本文件，“jpg”是一种图片文件，“mp3”是一种音频文件等。）

有了“HelloPurr.aia”文件后，可以分享给其他用户，然后通过图1-13中的“导入项目(.aia)”菜单命令，把这个项目源文件导入到自己的App Inventor开发账号中，以后就可以查看这个项目具体的实现方法，以及进一步的修改和完善。

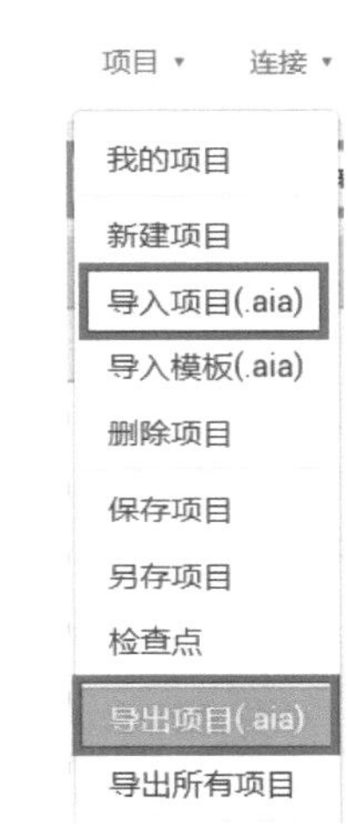

图1-13　导入/导出项目源代码文件

小小创客记

1. 点滴分享。

① 你曾经有创意编程的经历吗？

② 你会如何向朋友介绍App Inventor？

2. 实践体验。

在HelloPurr项目中，尝试拖放一些组件进行屏幕设计；尝试修改一些组件的属性值，观察工作面板中屏幕内组件的外观变化。

你发现了什么？你想进一步了解什么？

第2章 点名神器

点名是校园学习生活中最常见的环节，检查出勤率要点名，回答问题要点名，稍息立正要点名……那么，第一个手机应用就来做“点名神器”吧！

内容提要

- 初步了解程序设计思想。
- 通过 App Inventor 组件设计自己的 APP。
- 屏幕、按钮、音效、文本语音转换器、加速度传感器等组件的应用。
- 使用“逻辑设计”编辑器定义组件行为。

2.1 功能描述

“点名神器”是老师的好帮手，摇一摇手机或者点击按钮，即可随机显示学生的学号，并语音播报出来，以此达到随机点名的目的（如图 2-1 和图 2-2 所示）。这要比老师随机叫学生名字来的管用。

图 2-1 初始屏幕

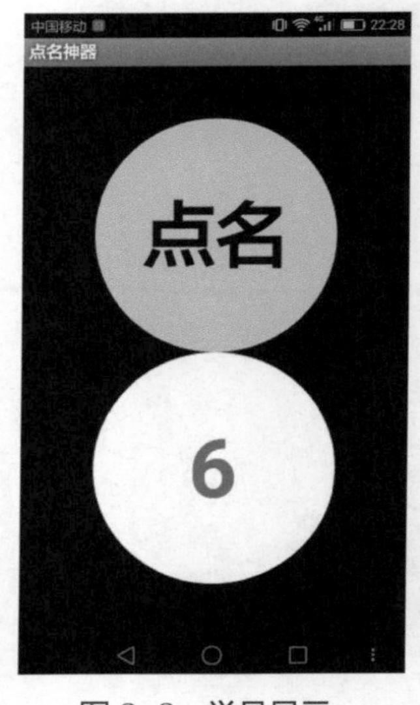

图 2-2 学号显示

AIA ：源代码文件

APK ：安装包文件

视频：功能演示

2.2 组件设计

视频：组件设计

本 APP 组件设计如图 2-3 所示。

1. 新建项目

用自己的账号登录开发网站，选择“项目”菜单中的“新建项目”，如图 2-4 所示，创建一个新项目“IsYou”。项目名称是以字母开头的字母、数字和下划线的组合，要求“见名知意”，这样才能“一目了然”！尽管是中文版，但目前项目名称还不支持中文。

图 2-3 “点名神器”组件设计

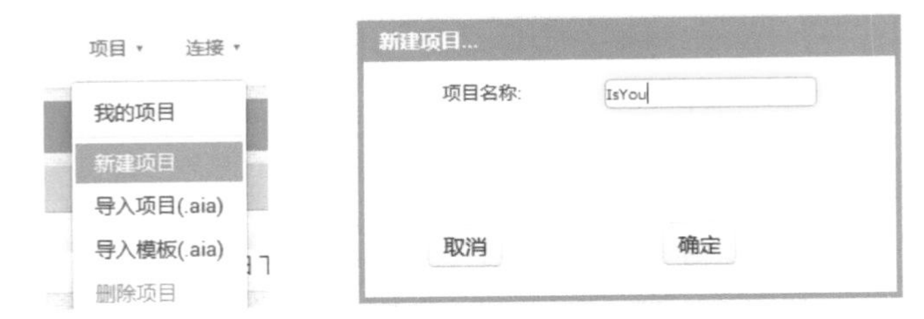

图 2-4 新建项目“IsYou”

2. 选择所需的组件，拖放至工作面板中

本例需要 6 个组件，分别如下：

- ❖ Screen（屏幕），1 个。
- ❖ 按钮，2 个。
- ❖ 音效，1 个。
- ❖ 文本语音转换器，1 个。
- ❖ 加速度传感器，1 个。

其中，音效、文本语音转换器和加速度传感器是非可视组件，不会直接显示在 Screen 中，而是显示在屏幕下的“非可视组件”栏中。

注意，组件名称也要“见名知意”。虽然系统会自动以“组件类型＋序号”的方式给每个组件命名，以保证每个组件名不重复，但这样很难明确每个组件的具体用途，尤其是后期进行行为逻辑设计的时候。所以，一个好的习惯是给每个组件都取一个有意义的名字。例如，本例有 2 个按钮，根据其不同功能，将名字重命名为“按钮_点名”、“按钮_学号显示”，如图 2-5 所示。

3. 设置组件属性

（1）Screen

在 App Inventor 中，每个 APP 至少有一个 Screen 组件。在新建项目时默认建立了一个 Screen1 组件，这是后面应用开发的基础。工作面板上方有 3 个屏幕功能按键，如图 2-6 所示。其中，“Screen1”显示当前编辑的屏幕名称，可以实现多个屏幕之间的切换；“增加屏幕”用于增加新的屏幕；“删除屏幕”用于删除当前编辑的屏幕。

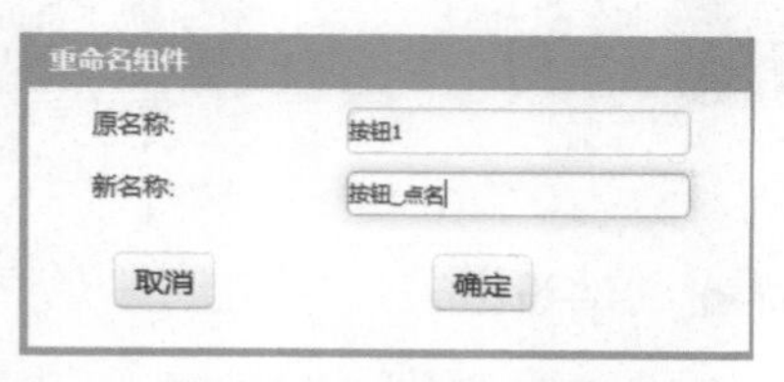

图 2-5　重命名组件

图 2-6　屏幕功能按键

在 Screen 组件中需要根据需求设置相应属性值，这些属性将影响到 APP 的屏幕和交互效果。在本例中，整个 Screen1 组件的属性设置如图 2-7 所示。

图 2-7　Screen1 属性设置

“水平对齐”和“垂直对齐”用于控制屏幕中的组件对齐方式，这里设置为居中；“AppName”是 APP 的名称，在手机中安装后会显示在 APP 图标下面；“背景颜色”

设置为黑色；“图标”即应用安装后所显示的图标，如果此处不设置，APP 安装后将使用统一默认的图标；“屏幕方向”用于设置 APP 竖屏或横屏等显示方式，这里为竖屏；“标题”就是显示在屏幕左上角标题栏的文字。

小小创客记

素材包：素材下载

媒体素材文件可以一开始就全部上传到开发网站上去，本例的素材可以通过扫描旁边的二维码进行下载。方法是：找到素材栏（页面右边，组件列表下方），单击“上传文件”按钮（如图 2-8 所示），上传成功后会显示素材文件列表。

也可以在设置属性要用到时再传。如本例“图标”，可以使用时在 Screen1 属性中设置。

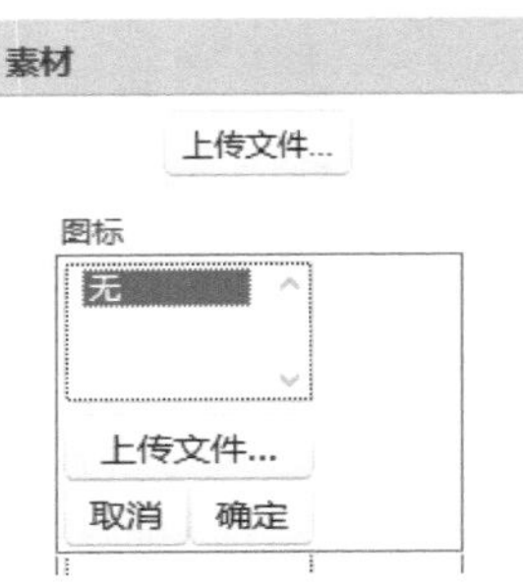

图 2-8　素材上传

（2）按钮

按钮可以感知用户的触摸，用户通过触摸按钮来完成应用中的某些动作。从“用户屏幕”组件栏中拖放两个“按钮”组件到 Screen1 中，用于响应用户点击事件和学号的显示。可以改变按钮的某些外观特性，如启用属性可以决定按钮是否能够感知到触摸，如图 2-9 和图 2-10 所示。

图 2-9　“点名”按钮属性设置

图 2-10　“学号显示”按钮属性设置

按钮属性中并没有对“按钮本身”设置对齐方式，但是两个按钮组件却居于屏幕的中间。这是因为在 Screen1 的“水平对齐”属性设置为“居中”。组件的对齐方式是由它的父容器所决定的。所谓父容器，就是它所被安放进的组件。本例中，Screen1 就是该按钮组件的父容器。如果 Screen1 的“水平对齐”属性没有修改，是默认值“居左”，那么按钮组件会出现在屏幕的左方。

（3）音效

音效组件是一种多媒体组件，可以播放声音文件，也可以让手机产生振动。该声音组件更适合播放短小的声音文件，如音效。本例中，“音效”组件属性使用默认值（如图 2-11 所示）。“最小间隔”指最小时间间隔，单位是毫秒；“源文件”表示播放声音时的音频源文件。

（4）文本语音转换器

“文本语音转换器”可以让设备将文字用语音念读出来。本例组件属性使用默认值，如图 2-12 所示。其中，“国家”表示语音转换的国家代码；“语言”表示语音转换的语言代码；“音调”设置合成语音的音调，范围为 0 ～ 2，值越低，音调越低，值升高，音调也升高；“语速”设置合成语音的语速，范围为 0 ～ 2，值越低，速度越慢，值升高，语速提高。

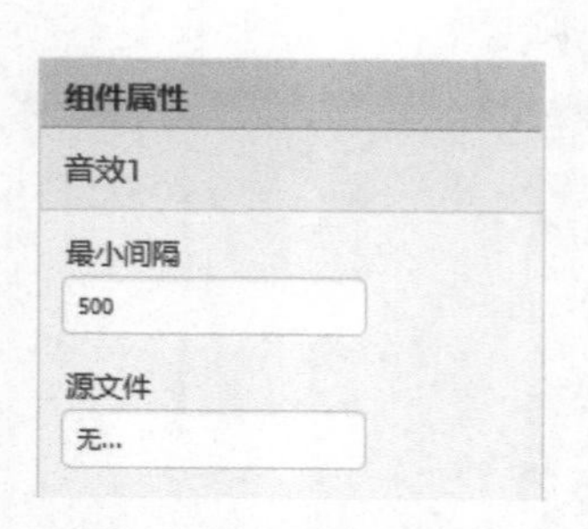

图 2-11 “音效”属性

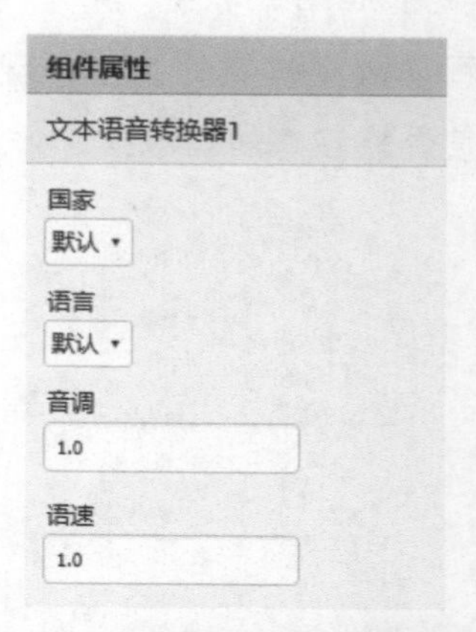

图 2-12 “文本语音转换器”属性

注意，“文本语音转换器”组件默认调用的是安卓 Pico TTS 引擎（TTS 即 Text To Speech，“从文本到语音”），但是该引擎不支持中文，目前常用的中文引擎有百度语音助手、讯飞语音 +（如图 2-13 所示），可以到应用商店下载后安装。

图 2-13 中文语音引擎

小小创客记

安装方法：选择“设置”—“高级设置”—“语言和输入法”—“文字转语音输出”，在“首选引擎”中选择“百度语音助手”即可，如图2-14所示。由于Android手机不同厂商对系统的定制有别，不同手机安装方法可能略有不同。

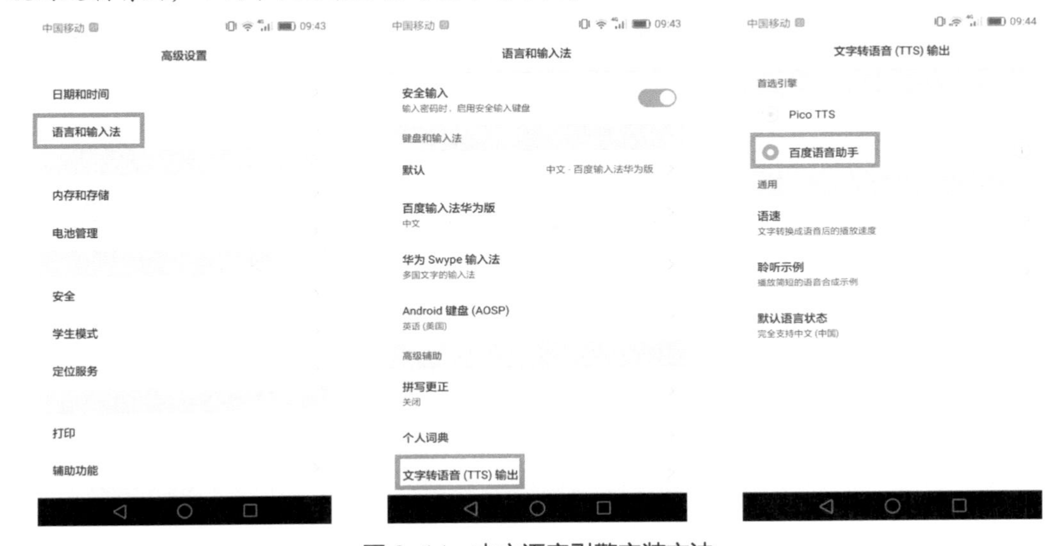

图 2-14　中文语音引擎安装方法

（5）加速度传感器

“加速度传感器”组件用于检测是否摇晃了手机，本例属性使用默认值（如图2-15所示）。其中，“启用”表示加速度传感器是否可用；“最小间隔”的单位是毫秒；“敏感度”表示感应器的灵敏度。

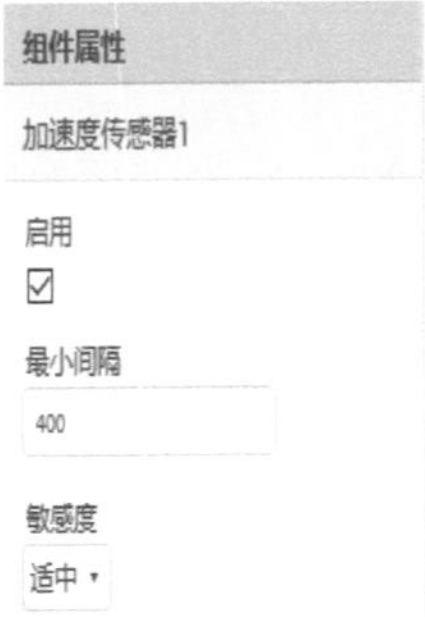

组件属性
加速度传感器1
启用
☑
最小间隔
400
敏感度
适中 ▾

图 2-15　“加速度传感器”属性

2.3　逻辑设计

可以把APP的功能描述采用“流程图”的形式表达出来。流程图是对解决问题的方法、思路或算法的一种描述，一般以特定的图形符号加上说明来表示，如表2-1所示。本例中，点击按钮时，手机顺序地执行一系列的动作（手机振动、显示随机学号、播报学号），对应的流程图如图2-16所示。这种自上而下依次执行的程序结构称为顺序结构程序。

视频：逻辑设计

表 2-1　流程图的图形符号

圆角矩形	表示开始和结束	长方形	表示执行
菱形	表示判断	线条	表示流程方向

现在借助流程图来助力程序的编写，找一找需要用到的模块，如图 2-17 所示。

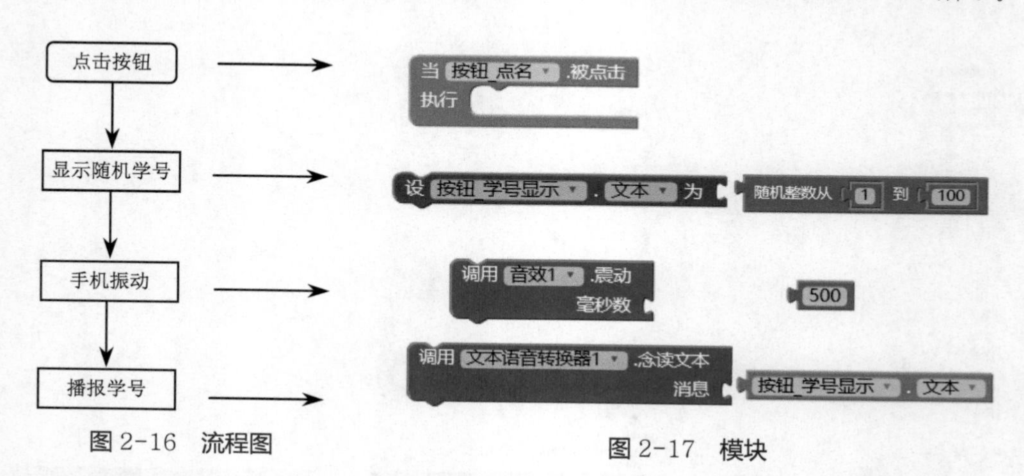

图 2-16　**流程图**　　　图 2-17　**模块**

这些模块的具体描述如表 2-2 所示。

表 2-2　模块功能描述

组　件	模　块	作　用
按钮_点名	当 按钮_点名 .被点击 执行	点击事件处理器，用来编写响应点击事件的行为逻辑
按钮_学号显示	设 按钮_学号显示 . 文本 为	设置显示按钮上文本的方法，有参数槽，以设置其文本
按钮_学号显示	按钮_学号显示 . 文本	读取按钮上的文本
音效 1	调用 音效1 .震动 毫秒数	让手机振动，有参数槽，用来设置振动的时间长度
文本语音转换器 1	调用 文本语音转换器1 .念读文本 消息	念读文本，有参数槽，用来设置念读的文本
加速度传感器 1	当 加速度传感器1 .被晃动 执行	晃动事件处理器，用来编写响应被晃动事件的行为逻辑
数学	随机整数从 1 到 100	随机整数，本例中可以根据实际学号来设置
数学	500	数字，本例中用来表示手机振动的时长

小小创客记

与小伙伴一起头脑风暴吧！想一想，上面的模块都有什么功能？大胆地试一试，用不同的方式对模块进行排列组合。你发现了什么？

完成后的模块如图 2-18 所示。

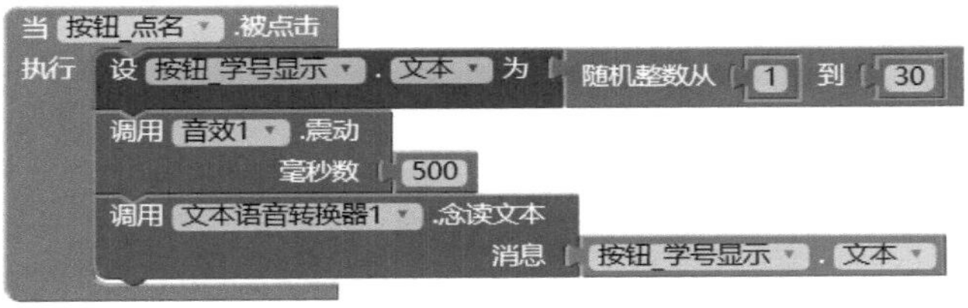

当 按钮_点名 .被点击
执行 设 按钮_学号显示 . 文本 为 随机整数从 1 到 30
调用 音效1 .震动
毫秒数 500
调用 文本语音转换器1 .念读文本
消息 按钮_学号显示 . 文本

图 2-18　**点名按钮的完整模块**

小小创客记

App Inventor 中的行为是由事件驱动的。所谓事件，就是发生了某种特殊情况，如某个按钮被点击、手机接收到一条新的短信等。事件类型有多种，不同组件能响应的事件也不尽相同。

当事件发生时，APP 会调用一系列过程模块来做出相应的处理。我们把响应某个事件而执行的一系列过程模块称为事件处理器。事件处理器是 App Inventor 执行的基本入口单元，任何功能模块代码都必须包含到某个事件处理器中才有可能被执行。例如，学号显示、手机振动、念读文本这些功能模块必须包含到“按钮 _ 点名”被点击事件处理器中。

用同样的方法，实现手机晃动的模块编写，如图 2-19 所示。

当 加速度传感器1 .被晃动
执行 设 按钮_学号显示 . 文本 为 随机整数从 1 到 30
调用 音效1 .震动
毫秒数 500
调用 文本语音转换器1 .念读文本
消息 按钮_学号显示 . 文本

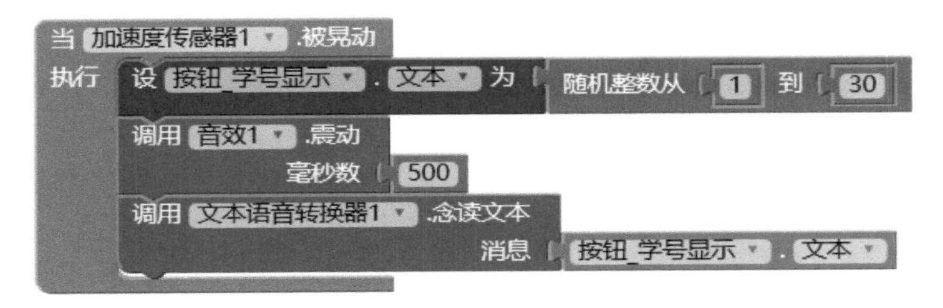

图 2-19　**“手机晃动”完整模块图**

小小创客记

1. **实践体验。**

根据“点名神器”的教程，自己动手实践一遍，先学会模仿，从设计开发、模拟运行到 APK 打包下载安装到手机，感受一下整个过程。

2. 展示分享。

邀请朋友或家人一起玩“点名神器”应用，然后与他们一起讨论以下几个问题，并记录讨论的结果。

① 这个“点名神器”应用，你最得意的是什么？

② 你碰到了什么问题？为什么会造成这种情况？你是如何解决的？

③ 通过学习，你收获了什么？

3. 拓展提高。

在完成模仿开发后，适当做些改变和探索，比如：① 在 Screen 组件中找到控制屏幕方向的属性，修改属性值为“自动感应”，看看运行时，转动手机，横屏、竖屏会发生什么？② 给 APP 换一个自己特色的图标，应该怎么做？③ 类似地进行其他组件的一些属性修改，感受变化。

中国移动 08:32

你希望“点名神器”有怎样的功能？

____

____

____

____

____

____

来设计你的手机屏幕吧！

第 3 章

数学加加看

“一九一九好朋友，二八二八手拉手，三七三七真亲密，四六四六一起走，五五凑成一双手。小朋友，拍拍手，大家一起把十凑！”本节课，就来开发一款有趣的数学加法 APP，在游戏中巩固数学加法运算，轻松愉快！

内容提要

- 数据和运算。
- 变量的定义和使用。
- 选择结构的条件设置、传值及嵌套使用，通过流程控制模块实现判断。
- 实现过程的定义及调用。
- 添加注释。

3.1　功能描述

“数学加加看”是一款儿童加法运算APP小游戏，让数学加法不再枯燥，如图3-1所示。点击“开始”按钮，自动生成算式，其中加数和被加数取个位数；点击“✓”和“×”按钮来判断对错，每回答正确一题，则得分加1分；游戏中有3条生命值，即可以有3次出错的机会，答错一题，生命值减1，并伴有音效；如生命值为0，则游戏结束，如图3-2所示；可以点击“开始”按钮再次启动游戏。

图3-1　初始屏幕

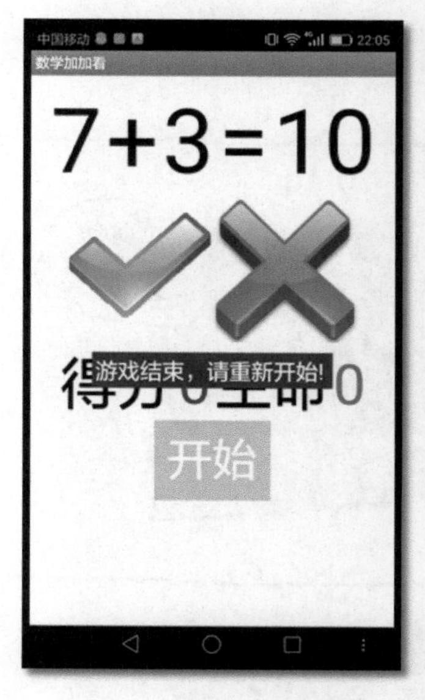

图3-2　游戏失败屏幕

AIA：源代码文件

APK：安装包文件

视频：功能演示

3.2　组件设计

视频：组件设计

用自己的账号登录开发网站后，新建一个项目，命名“math”。把项目要用到的素材先上传到开发网站，本例需要准备的素材为1

素材包：素材下载

个音效（“答错的声音”wrong.wav）和2张图片（“✓”right.png、“×”wrong.jpg）。App Inventor中支持的图片文件格式有.png、.gif和.jpg等；支持的音频文件格式有.wav、.arm、.mpg和.mp3等。

需要3个水平布局组件将手机屏幕分成四部分，如图3-3所示。第一部分为算式，使用5个标签分别表示加数、加号、被加数、等号和得数；第二部分是对错，用2个按钮表示；第三部分是计分，用4个标签分别表示得分、得分值、生命、生命值；第四部分为开始按钮。另外，还需要1个音效组件和1个对话框组件。具体属性设置如表3-1所示。

图3-3 “数学加加看”组件设计

表3-1 “数学加加看”组件属性设置

组件	作用	命名	属性
Screen	应用默认屏幕，作为放置所需其他组件的容器	Screen1	水平对齐：居中　　图标：right.png 屏幕方向：锁定竖屏　　标题：数学加加看
水平布局	将组件按行排列	水平布局1	水平对齐：居中　　背景颜色：透明 宽度：充满
标签	加数	标签_数A	字号：80　文本：A
标签	放置提示文字“+”	标签2	字号：80　文本：+
标签	被加数	标签_数B	字号：80　文本：B
标签	放置提示文字“=”	标签4	字号：80　文本：=

续表

组　件	作　用	命　名	属　性
标签	得数	标签 _ 得数	字号：80　文本：C
水平布局	将组件按行排列	水平布局 2	背景颜色：透明
按钮	响应点击事件（判断式子正确）	按钮 _ 正确	图像：right.png　　文本：空
按钮	用于响应点击事件（判断式子错误）	按钮 _ 错误	图像：wrong.jpg　　文本：空
水平布局	将组件按行排列	水平布局 3	背景颜色：透明
标签	放置提示文字	标签 6	字号：50　文本：得分
标签	得分	标签 _ 得分	字号：50　文本：0
标签	放置提示文字	标签 8	字号：50　文本：生命
标签	生命值	标签 _ 生命值	字号：50　文本：3
按钮	响应点击事件（开始）	按钮 _ 开始	字号：40　文本：开始 背景颜色：橙色
音效	播放声音文件	音效 1	源文件：wrong.wav
对话框	用于显示警告信息	对话框 1	默认

小小创客记

屏幕布局类组件

App Inventor 的屏幕设计虽然比较简单，通过直接选取一些组件加入屏幕中即可，但组件的位置并不能做到拖放到哪里就停留在哪里。为了达到屏幕组件布局效果，需要用到屏幕布局类组件。

通过屏幕布局类组件可以创建简单的垂直、水平或表格布局，也可以通过逐级插入（或嵌套）布局组件来创建更加复杂的布局。如在本例中，为了实现“按钮 _ 正确”组件和“按钮 _ 错误”组件并列一行，需要先放置一个“水平布局”组件，然后将两个按钮组件放置在水平布局组件中。当拖曳按钮组件放入水平布局组件时，会看到一条蓝色竖线，提示按钮组件将会被放置在什么地方。

3.3 逻辑设计

视频：逻辑设计

3.3.1 游戏开始

点击“开始”按钮，产生一个新的算式，并且得分的初始值为 0，生命值的初始值为 3，游戏开始，其流程图如图 3-4 所示。这里约定新的算式“A+B=C”产生规则为：加数A和被加数B取0～9之间的随机整数，C=A+B+(A、B、C为 -1～1 的随机整数)。

A、B、C 的值是不断变化的，在程序设计语言中称之为“变量”。在 App Inventor 中，使用“变量内置块”定义变量。变量包括全局变量和局部变量，全局变量在整个

APP 中都可以调用，而局部变量只能在它的作用范围内调用。变量在使用前需要先定义和赋初值。注意，同一个屏幕中全局变量名称不能够重复。

本例中，“数 A”、“数 B”、“数 C” 设为全局变量，初始值为 0，如图 3-5 所示。

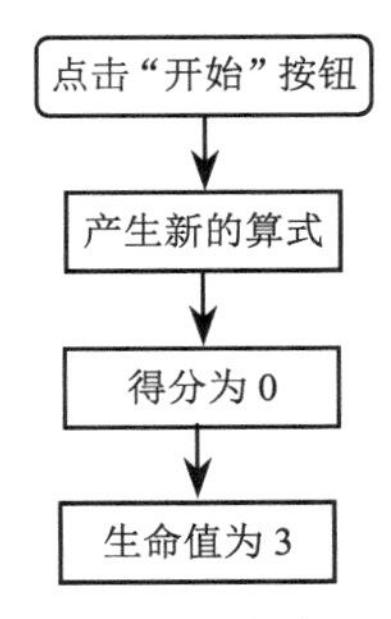

图 3-4　游戏流程图

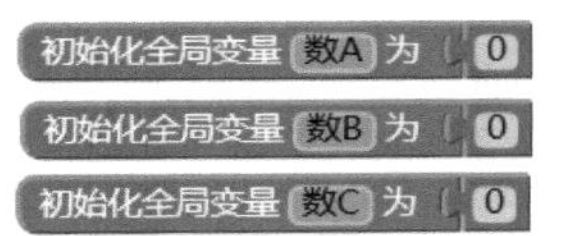

图 3-5　设置全局变量

定义全局变量后，在“变量内置块”中使用取模块获取该全局变量的值，使用设为模块给选取的全局变量重新赋值，如图 3-6 所示。或者，直接在工作面板中通过鼠标悬浮于变量名上，同样可以获取变量值及重新赋值，如图 3-7 所示。

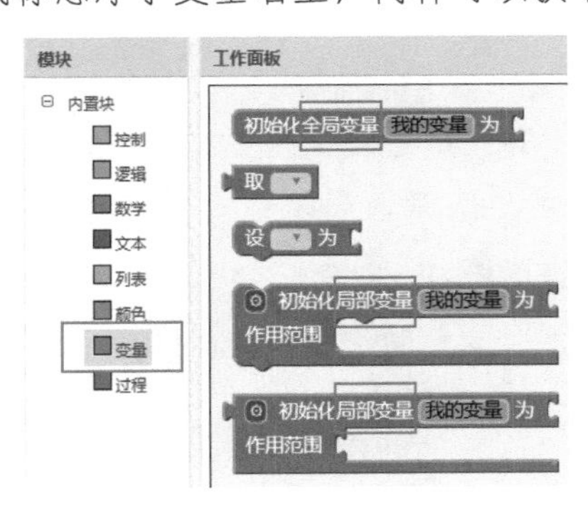

图 3-6　变量内置块

图 3-7　鼠标悬浮于变量名上

在按钮点击事件中，变量“数 A”和“数 B”的值为系统随机产生的 0 ~ 9 之间的整数，可以调用“数学”内置块中的“随机整数”模块进行初始化。变量“数 C”是按约定公式所列数学算式计算出来的值。另外，变量的值是不会直接显示在手机屏幕上，因此需要将变量的值赋给标签，通过标签来显示。“开始”按钮单击事件完整代码如图 3-8 所示。

小小创客记

加法模块只能是两个数相加，如何相加多个数呢？点击右上角的蓝色图标，可以扩展模块（如图 3-9 所示），将左边的 number 放入右边，即可生成多个数相加模块。

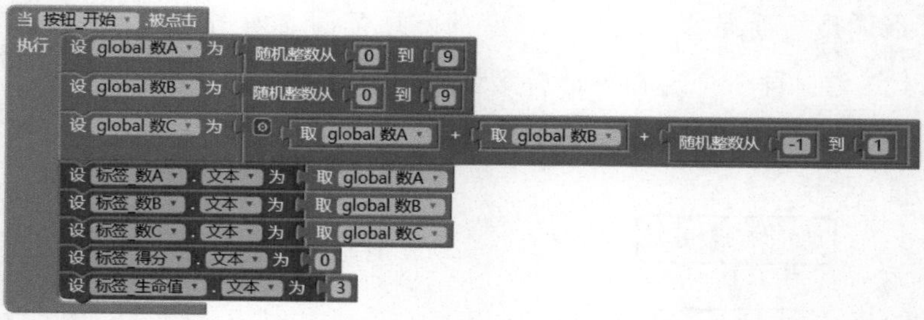

当 按钮_开始 .被点击
执行 设 global 数A 为 随机整数从 0 到 9
设 global 数B 为 随机整数从 0 到 9
设 global 数C 为 取 global 数A + 取 global 数B + 随机整数从 -1 到 1
设 标签_数A . 文本 为 取 global 数A
设 标签_数B . 文本 为 取 global 数B
设 标签_数C . 文本 为 取 global 数C
设 标签_得分 . 文本 为 0
设 标签_生命值 . 文本 为 3

图 3-8 “开始”按钮功能实现代码

number
number
number
number
number
number
number

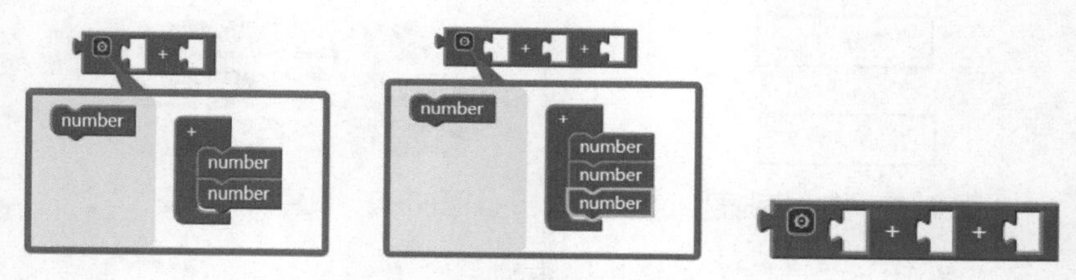

图 3-9 扩展多个数相加模块

3.3.2 判断正确

当点击“✓”按钮时，首先判断算式“C=A+B”是否成立，如果算式成立，则得分加 1 分，并产生一个新的算式，继续进行游戏；如果算式不成立，则生命值减 1，播放“失败”的音效；再判断生命值是否为 0，如果为 0，则显示警告信息“游戏结束，请重新开始”，否则产生一个新的算式，继续游戏。流程图如图 3-10 所示。

点击“正确”按钮
是
否
C=A+B
得分+1
生命值-1
产生新的算式
播放音效
是
生命值=0
否
显示警告信息“游戏结束，请重新开始”
产生新的算式

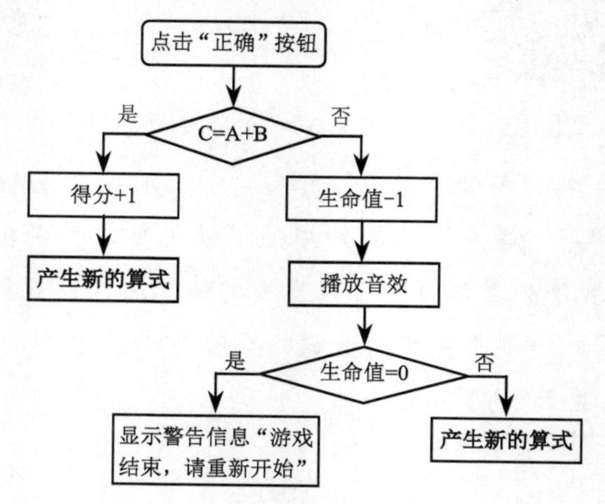

图 3-10 “√”点击事件流程图

“产生新的算式”模块集合被多次使用，是否可以封装这些模块，以减少代码的冗余呢？App Inventor 中可以用“过程”来实现（如图 3-11 所示）。

图 3-11 “产生新的算式”的过程定义

小小创客记

其实对于“过程”并不陌生，各种组件所关联的方法是系统已经编写好供开发者使用的一类过程，如手机振动、画圆、画线等。此外，App Inventor 提供了自定义过程功能，允许开发人员将实现一定功能的模块集合封装为一个整体，并为这个过程取一个名字和设置参数列表，如图 3-12 所示。自己创建的过程会显示在过程抽屉中，当需要使用的时候，只需调用它就可以了。这样不仅减少了重复编写代码的工作量，还使代码变得简洁易懂，提高了程序的可维护性，降低了错误率。

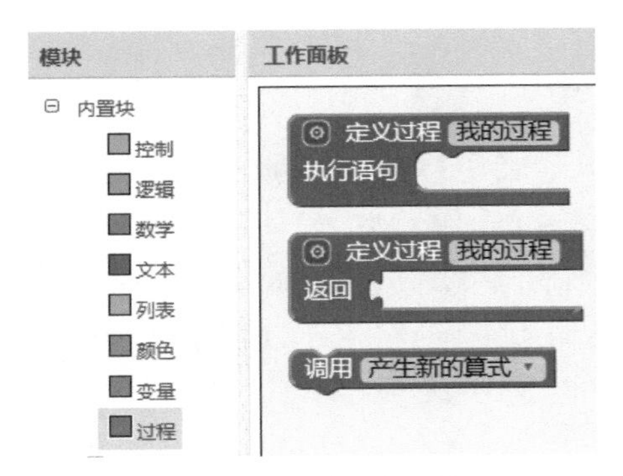

图 3-12 过程内置块

给定一个判断条件，系统根据判断结果来控制程序的流程，这种程序结构称为选择结构，见图 3-10 中的两个菱形。App Inventor 提供了这种面对不同条件控制程序运行流程的模块，即“如果…则…”条件分支模块。它的执行流程，是先判断“如果”的条件是否为真，如果条件成立，则执行“则”中的其他模块，否则不执行，如图 3-13 所示。有时候会遇到同时使用多条件进行判断的情况，这时可以点击蓝色图标，“如果…则…”模块可以通过扩展，实现更复杂的条件判断。

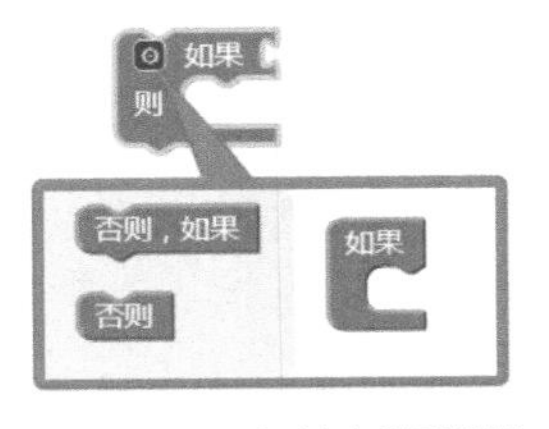

图 3-13 条件判断模块

所以，“✓”点击事件行为实现如图 3-14 所示。

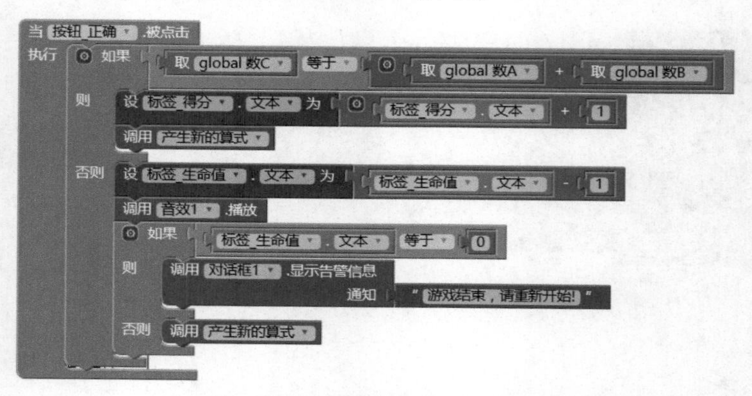

图 3-14 “√”点击事件行为实现

小小创客记

图 3-15 所示语句可以理解为：先把“标签_得分”组件的“文本”属性的值自动转换为数值，然后增 1，再把新数值自动转换为文本，赋给“标签_得分”组件的“文本”属性，这样“标签_得分”组件就会显示出计算后的新数值了。

图 3-15 标签文本自增 1

App Inventor 中并不严格区分文本和数据类型，只要符合转换规则，不同数据类型的值可以自动转换。比如，数值 5.25 可以转换为文本“5.25”，反过来也一样；但文本“Hello5”不能转换为数值。

3.3.3 判断错误

“×”按钮单击事件与“✓”按钮非常相似，唯一不同的是判断算式“C ≠ A+B”发生改变，具体执行过程如图 3-16 所示。具体代码如图 3-17 所示。

小小创客记

不仅写代码，还要写注释

为了让代码模块具有更好的可读性，让别人容易理解为什么要这么编写，有时需要为特定的模块加上一些说明。这些说明就是软件开发中的“注释”。在 App Inventor 中，可以在任意模块上单击鼠标右键，在弹出的快捷菜单中选择“添加注释”来写注释。这样会在该模块上创建一个中间是问号的蓝色圆圈?，它关联一个附着的文本区域，开发者可以在其中填写任何想要的内容，如图 3-18 所示。

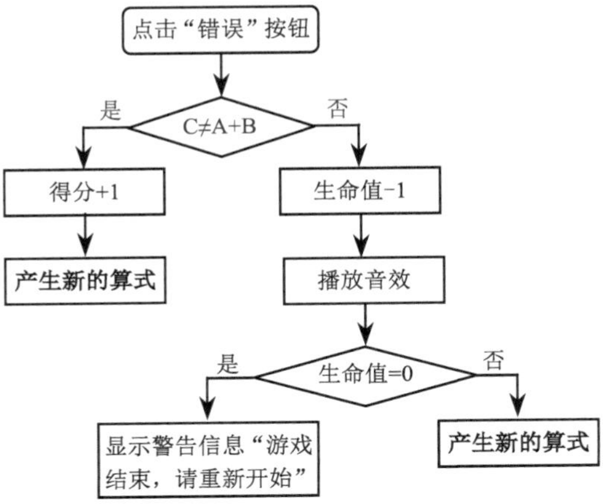

点击“错误”按钮
C≠A+B
是
否
得分+1
生命值-1
产生新的算式
播放音效
生命值=0
是
否
显示警告信息“游戏结束，请重新开始”
产生新的算式

图 3-16 “×”点击事件流程图

图 3-17 “×”点击事件行为实现

复制代码块
添加注释
折叠代码块
禁用代码块
Add to Backpack (0)
删除 24 个代码块
帮助
判断式C≠A+B，如果算式成立则得分加1分，并产生一

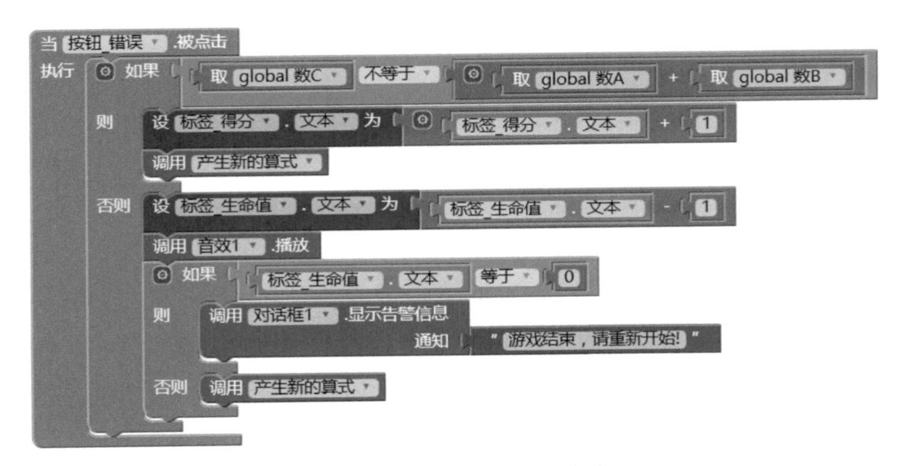

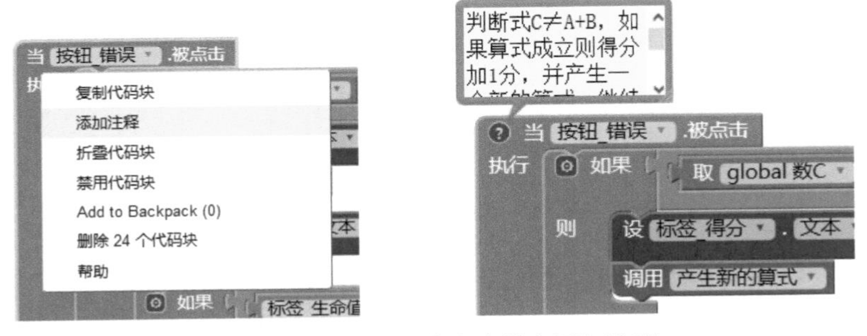

图 3-18 在“×”点击事件上添加注释

小小创客记

1. 实践体验。

动手实践“数学加加看”APP的开发和调试运行过程。

2. 展示分享。

邀请朋友或家人一起玩“数学加加看”应用，然后与他们一起讨论以下几个问题，并记录讨论的结果。

① 这个“数学加加看”应用，你最得意的是什么？

② 你遇到了什么问题？为什么会遇到这种情况？你是如何解决的？

③ 通过学习，你收获了什么？

3. 拓展提高。

想一想，还有什么可以改进的？做一些个性化的完善吧。

拓展1：随机产生“+”、“-”、“×”和“÷”来考验体验者。提示：如果运算符增加了，那么得到的结果应该根据随机产生的运算符来进行分类讨论。如何确定产生哪种运算符呢？可以通过产生的随机数1、2、3、4来表示“+”、“-”、“×”和“÷”。

拓展2：在体验自己完成的“数学加加看”APP时，你是否不甘只做一个判断者，而更想成为一个决定者？那么就需要将判断题改成填空题。提示：可以使用文本输入框组件。这个组件在APP运行时，当光标指到输入框中时，可以调用手机自带的键盘。

中国移动 08:32

你希望“数学加加看”有怎样的功能？

____

____

____

____

来设计你的手机屏幕吧！

第 4 章 涂鸦画板

还记得儿时的涂鸦吗？“涂”即指涂抹，“鸦”即指颜色，“涂”和“鸦”加一起就成了涂抹色彩之意。本节课来创作一个属于自己的涂鸦画板 APP，用手指由着性子随便画。

内容提要

- 利用画布组件实现绘图功能。
- 处理屏幕上的触摸及拖曳事件。
- 借助计时器组件来实现文件名唯一性。
- 颜色的合成。
- 使用界面布局组件来控制屏幕的外观。
- 利用滑动条、照相机、图像选择框来丰富软件的功能。
- 如何调试 APP。

4.1 功能描述

本 APP 是一款涂鸦画板应用，用户可以随便画图，可以设置画笔的颜色和粗细，还可以导入喜欢的图片或自己拍摄的照片作为画布背景，如图 4-1 所示。画完之后记得保存，分享给大家欣赏哦！

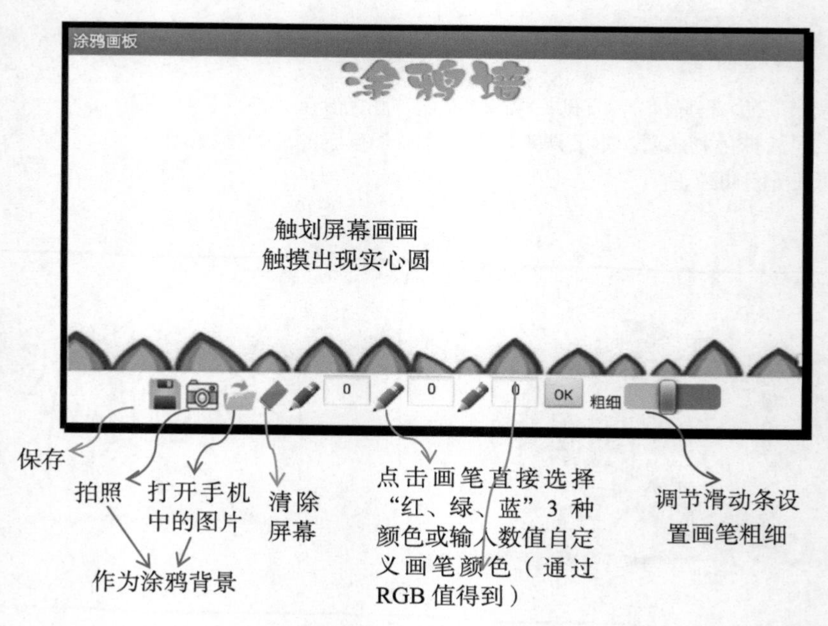

图 4-1　初始屏幕

AIA ：源代码文件

APK ：安装包文件

视频：功能演示

4.2 组件设计

视频：组件设计

新建项目，取名“PicPaint”。为了实现这个效果，需要准备 8 张图片，分别是保存、照相机、打开文件、橡皮擦、红色、绿色、蓝色以及应用图标对应的图片。把项目要用到的素材上传到开发网站后，就可以开始设计用户屏幕了。

素材包：素材下载

本 APP 的组件设计如图 4-2 所示。

❖ 画布，1 个，作为画画用的画板。

❖ 按钮，7 个，包括：保存、打开照相机、橡皮（实现清屏功能）、3 个画笔颜色选择（红、绿、蓝）、确认等按钮（设置 R、G、B 值后）。

❖ 图像选择框，1 个，用于选择图片。

❖ 文本输入框，3 个，输入 R、G、B 值。

❖ 滑动条组件，1 个，调节画笔粗细。

❖ 标签，3 个，其中 2 个用来分隔，1 个用来放置提示文字。

为了使这些按钮等组件水平排列，可以选择屏幕布局组件中的水平布局。

图 4-2 “涂鸦板”组件设计

小小创客记

在屏幕设计时，为了实现组件之间不要紧贴在一起，可以加入一个标签，该标签的文本为空（因此看不见内容），但标签的宽度、高度是存在的，起到了分割作用。图 4-3 是加分割标签的效果，图 4-4 是没有分割标签的效果。如果以后想实现类似布局效果，也可以借鉴这种做法。

具体属性设置如表 4-1 所示。

图 4-3　加标签

图 4-4　不加标签

表 4-1 “涂鸦板”组件属性设置

组　件	作　用	命　名	属　性	
Screen	应用默认屏幕，作为放置所需其他组件的容器	Screen1	水平对齐：居中 屏幕方向：锁定横屏 状态栏显示：取消勾选	图标：red.jpg 标题：涂鸦画板
画布	用于绘图	画布 1	背景图片：background.jpg 高度：80%	宽度：充满
水平布局	布局	水平布局 1	宽度：充满 垂直对齐：居下	水平对齐：居中
按钮	响应点击事件（保存）	按钮 _ 保存	宽度：25 像素 图像：save.png	高度：25 像素 文本：空
标签	分隔	标签 _ 分隔 1	文本：空	
按钮	响应点击事件（拍照）	按钮 _ 拍照	宽度：25 像素 图像：camera.png	高度：25 像素 文本：空
标签	分隔	标签 _ 分隔 2	文本：空	
图像选择框	响应图像选择完成事件	图像选择框 1	宽度：25 像素 图像：open.png	高度：25 像素 文本：空
按钮	响应点击事件（清除屏幕）	按钮 _ 清除	宽度：25 像素 图像：earser.png	高度：25 像素 文本：空
按钮	设画笔颜色红色	按钮 _ 红色	宽度：25 像素 图像：red.png	高度：25 像素 文本：空
文本输入框	输入“R”	文本输入框 _R	宽度：30 像素 字号：11 仅限数字：勾选	高度：40 像素 提示：空 文本：0
按钮	设画笔颜色绿色	按钮 _ 绿色	宽度：25 像素 图像：green.png	高度：25 像素 文本：空
文本输入框	输入“G”	文本输入框 _G	宽度：30 像素 字号：11 仅限数字：勾选	高度：40 像素 提示：空 文本：0
按钮	设画笔颜色蓝色	按钮 _ 蓝色	宽度：25 像素 图像：blue.png	高度：25 像素 文本：空
文本输入框	输入“B”	文本输入框 _B	宽度：30 像素 字号：11 仅限数字：勾选	高度：40 像素 提示：空 文本：0
按钮	响应点击事件（求 RGB 值）	按钮 _ 确定	高度：30 像素 字号：11	文本：OK
标签	放置提示文字	标签 _ 粗细	字号：12	文本：粗细
滑动条	调节画笔粗细	滑动条 1	宽度：75 像素 最大值：10	滑块位置：5 像素 最小值：1
照相机	启动照相机	照相机 1	默认	
计时器	获取时间信息	计时器 1	默认	

小小创客记

连接测试

在测试设备的屏幕上与组件设计中略有不同，这与手机的屏幕大小、分辨率等设备硬件相关。另外，在预览窗口中可见的水平布局组件周围的灰色轮廓在测试设备上则不可见。你还发现了什么？根据测试情况调整组件设计。

4.3 逻辑设计

4.3.1 画圆

视频：逻辑设计

点击画圆按钮后，会在手指触碰点画一个实心圆点。首先拖出“当画布被触碰”事件模块，然后用画布提供的“画圆”方法即可实现这个功能。

画圆方法有 4 个参数槽，即圆心的平面坐标 x 和 y 值、圆半径和启用填充。这里只需将手指触碰点坐标和滑块位置（半径）作为实际参数带入。“启用填充”参数槽中需要一个逻辑值，只能填入“真”或“假”（即“true”或“false”）。默认值是“true”，表示画出来的是实心圆，若为“false”，画出来的圆是空心圆。具体实现代码如图 4-5 所示。

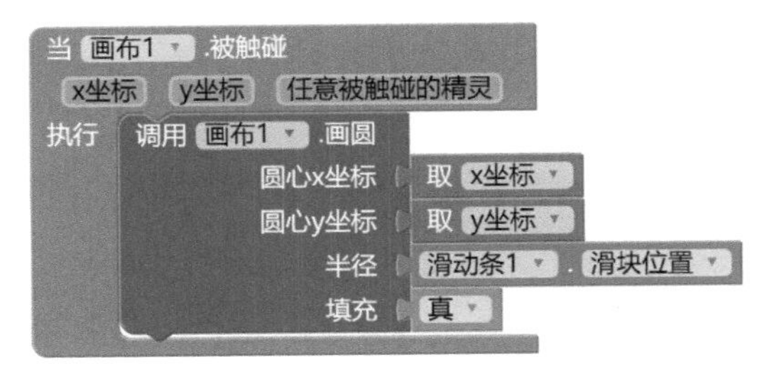

图 4-5 触碰手指画圆

小小创客记

计算机屏幕与我们生活中的数学一样，也有坐标和单位，只不过计算机屏幕中的单位是像素，左上角的坐标是（x=0，y=0），越往右，x 值不断增加，越往下，y 值不断增大。图 4-6 和图 4-7 是直角坐标系和计算机屏幕坐标对比。

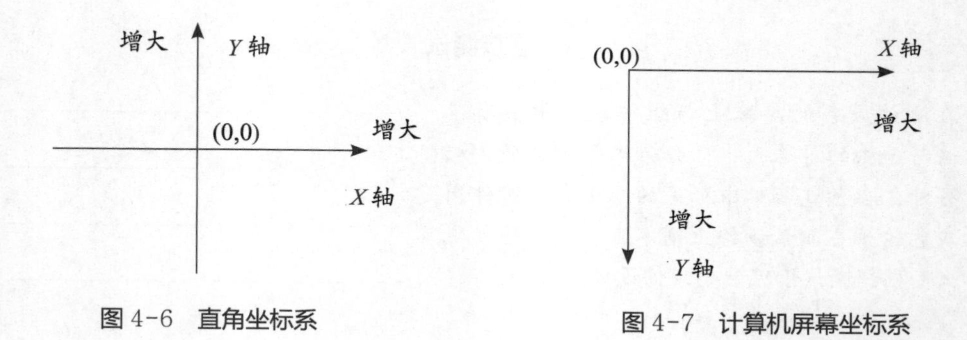

图 4-6　直角坐标系　　图 4-7　计算机屏幕坐标系

4.3.2　在画布上直接拖屏作画

实现手指在屏幕上拖动作画，需要响应画布的“被拖动”事件。画布“被拖动”事件处理器中可传入 7 个参数，如图 4-8 所示。

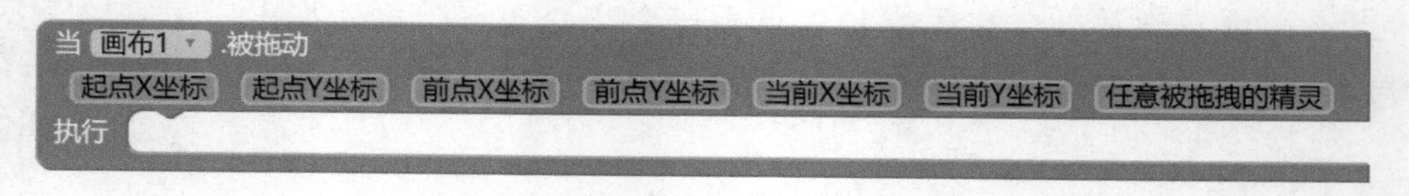

图 4-8　画布被拖动模块

“起点坐标”是指手指触摸到画布，开始拖动的起点位置坐标。“当前坐标”是指当前时间点采集到的手指触摸到画布的位置坐标。“前点坐标”是指上个采样时间点手机采集到的手指触摸画布的位置坐标。“任意被拖拽的精灵”是一个逻辑值，表示是否拖动了某个精灵。

在了解这些参数后，就可以画线了，利用画布提供的“画线”方法即可完成。“两点确定一条直线”，则一条直线应由 4 个参数确定：第一点 x 坐标、第一点 y 坐标、第二点 x 坐标、第二点 y 坐标：，它们分别代表直线两个端点的坐标。这里，通过在“前点坐标”和“当前坐标”之间画上直线，如图 4-9 所示。由于采样的时间很快，画布“被拖动”事件也会很密集地被触发，这样实际每次画出的直线都非常短，多次短直线画出来的效果就是任意曲线了。

小小创客记

在手机上画画，最自然的方式莫过于直接用手指在手机屏幕上拖屏而画。这需要在手指划过的每一点上都留下过往的痕迹。从人的感知中，手指在屏幕上划拖动过程是一个连续的过程的。但计算机处理时实际上是将这个连续的过程分解为密集的离散采样点，就像线段是由点构成的，只要采样的频率够高、点够密集，那么这些离散点的看起来就像连续的线条。

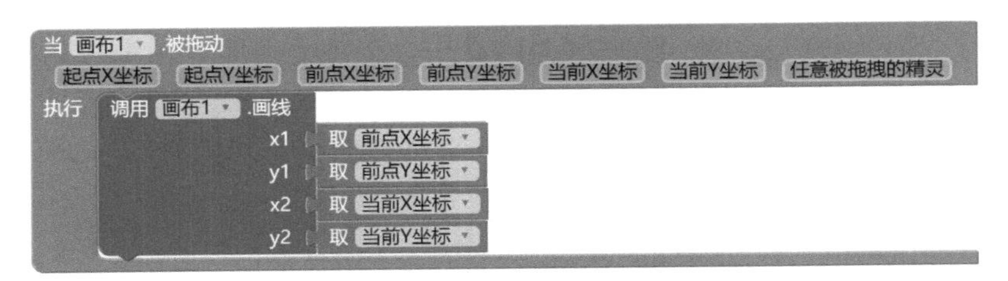

图 4-9 实现在画布上直接拖屏作画

赶紧连上手机，测试一下“画线”和“画圆”的功能吧！画出来的画是什么颜色呢？

4.3.3 画笔颜色设置

画布默认的画笔颜色是黑色，是否可以设置其他颜色呢？这里以红色为例，当按钮红色被点击时，画布的画笔颜色为红色。打开红色按钮抽屉，拖出“当按钮红色被点击”事件模块，在画布抽屉中拖出“设画布的画笔颜色”和颜色抽屉中拖出“红色”模块，然后将它们拼接在一起，如图 4-10 所示。

小小创客记

数一数逻辑模块中颜色模块有几种（如图 4-11 所示）？

你能试一下设置其他画笔颜色吗？

图 4-10 实现红色画笔

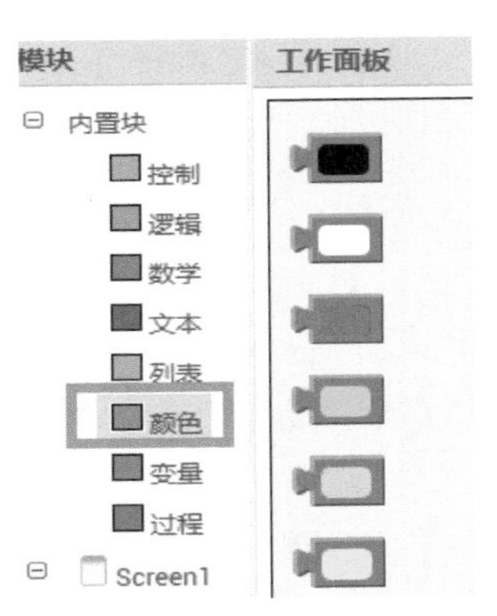

图 4-11 颜色内置块

4.3.4 自定义画笔颜色设置

尽管 App Inventor 已经提供了丰富的颜色，能画出美丽的图画。但由于画布的画笔颜色都是固定的，可以进一步完善，自己开发一个调色板功能，通过 RGB（红、绿、蓝）三基色来调出个性化色彩。三基色的数值由文本输入框输入，点击按钮确定，则合成颜色，并设置画笔颜色，如图 4-12 所示。

图 4-12　自定义画笔颜色

4.3.5　画笔粗细设置

本例中，滑块位置默认设置为 5，最大为 10，最小为 1，如图 4-13 所示。当滑动条位置改变的时候，画布的线宽也随之改变，设置为滑块当前的位置值。

4.3.6　打开

点击“图像选择框”，选中图片，将其设置为画布背景进行涂鸦，如图 4-14 所示。

图 4-13　设置画笔粗细

图 4-14　打开图片

4.3.7　拍照

当点击拍照按钮被时，调用照相机“拍照”方法；当拍摄完成时，将所拍的照片设置为画布背景进行涂鸦，如图 4-15 所示。

图 4-15　拍照并设为画布背景

4.3.8　画布清屏

当点击清空按钮时，直接调用清除画布。设单击“清除”按钮后整个画布会恢复原始状态，前面所画的图案将消失掉。这个功能看上去很神奇，其实实现起来非常简单，直接调用画布组件提供的“清除画布”方法即可，如图 4-16 所示。

4.3.9 保存

点击“保存”按钮后会把画布当前的图案保存为一个图像文件，存放在 SD 卡中，这样就不怕 APP 关闭后创作的画作丢失了。画布组件提供了两种图像保存方法：一种是不指定文件名的方法，叫“保存”；另一种是可以由开发者确定文件名的方法，叫做“另存”。无论是“保存”还是“另存”方法，它们都有一个返回值（如图 4-17 所示），这两个方法模块不能直接拼入按钮的被点击事件处理器中。这里需要借助控制模块中的“求值但忽视结果”转接模块作为桥梁，才能拼接上。如果调用“保存”方法，开发人员不能指定保存的图像文件名，系统会给它自动命名。如果调用“另存”方法，则保存的图像文件名将是参数槽中拼接的文本“tuya.png”。这两种实现方法如图 4-18 所示。

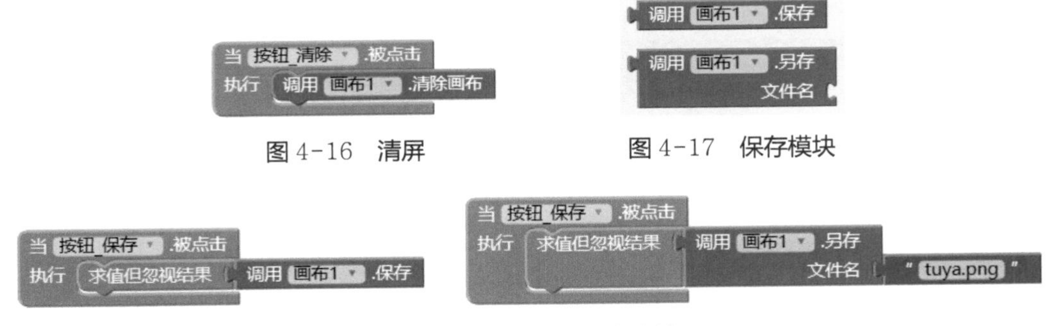

图 4-16 清屏

图 4-17 保存模块

图 4-18 保存画布图像文件

小小创客记

调用“保存”方法生成的图像文件名的命名规则由“前缀 app_inventor_+ 系统当前时间值”构成，存放的位置是 SD 卡中的“/My Document/Picture”目录，根据这个文件名很难区分不同 APP 保存的图像。而“另存”方法虽然可以由开发者给存储的图像文件命名，但由于文件名是在开发阶段已经确定，因此后面保存的图像文件也会是同一个，这样会覆盖前面保存的文件。“另存”方法保存的文件存放的位置是 SD 卡的根目录。

你有办法解决这个问题吗？为了避免这种情况，可以结合两种保存方法的优点，即可以由开发者确定一个保存文件命名的规则，做到既个性化又不会重复。本例将采用“文件名前缀 + 系统时间”自动合成唯一文件名的方法。具体实现代码如图 4-19 所示。

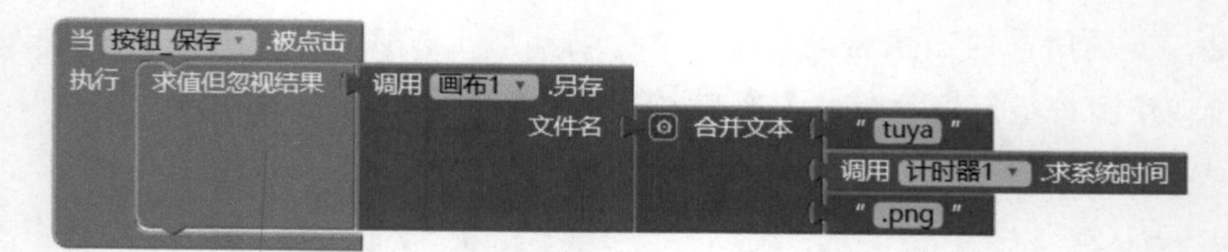

图 4-19 合成文件命名

获取系统时间需要通过“计时器”组件来实现。计时器组件提供了丰富的和时间相关的方法，如求日期、求两个时间点的时间间隔、求某个时间点是星期几等。调用计时器的求系统时间方法后，会返回一个代表系统时间值的长整数。时间在计算机内部也是用这个长整数来表示的，随着时间推移，这个数字会不断增加。

小小创客记

1. 修正 bug。

某同学最终实现的绘图板只能画“同心线”，保存的图片总是会被下一张替换掉。程序在哪里出问题了？

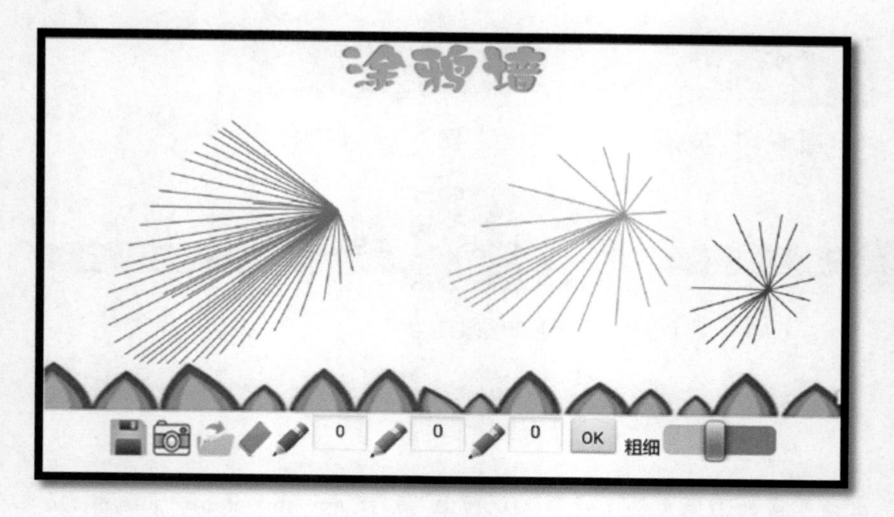

AIA：源代码文件

请对有问题的程序进行测试和调试，并记录下你的解决方案，或对问题程序进行再创作。与同学分享彼此的解决问题过程，如果有差异，请记录下这些不同点。

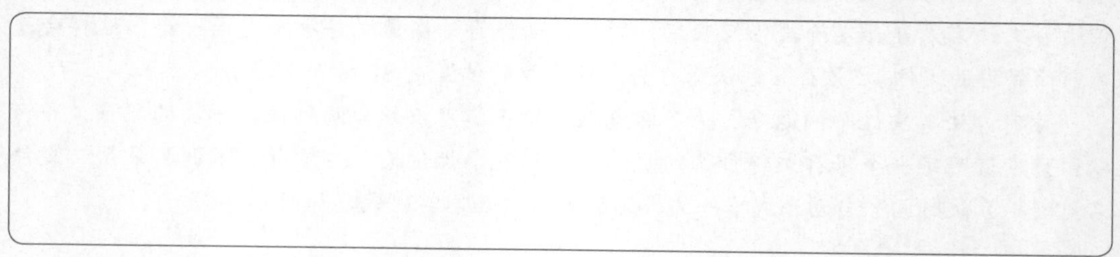

一般把程序中存在的错误叫做“bug”（英文单词“臭虫”的意思），找到并修复错误的过程也叫“debug”（调试），即“去掉臭虫”的意思。为了帮助开发人员提升定位错误的效率，App Inventor 提供了一个重要功能：“预览代码块”。只要连接了设备或者模拟器，开发者可以在任意时刻任意模块上右击，并从快捷菜单中选择“预览代码块功能”，会立即在设备上运行该模块。

预览代码块功能特性简单，可以有效地辅助测试和调试，以下是一些可以参考的使用场景示例：① 单步调试，让含有多条语句模块的集合逐条运行；② 设置变量值；③ 设置组件的属性；④ 调用组件的方法；⑤ 测试例外情况处理的模块是否正常工作；⑥ 立即运行任意模块并观察产生的结果。

2. 实践体验。

自己动手实践一遍，感受整个过程。想一想，是否可以给应用扩展更多的功能？如实现“画字”功能，实现通过用户输入文件名的保存方法，实现文件保存成功后给出提示的功能等。

你希望“涂鸦画板”有怎样的功能？

____

____

____

____

来设计你的手机屏幕吧！

中国移动 08:32

3. 展示分享。

邀请朋友或家人一起玩“涂鸦画板”应用，并分享涂鸦作品。然后与他们一起讨论以下几个问题，并记录讨论的结果。

① 这个“涂鸦画板”应用，你最得意的是什么？

② 你碰到了什么问题？为什么会造成这种情况？你是如何解决的？

③ 通过学习，你收获了什么？

第5章 弹球游戏

喜欢玩球吗？玩过什么球？台球运动将目标球击向台面任何一边垫上，利用边垫反弹进球；乒乓球运动中球必须在台上反弹后才能还击过网……这些都运用了球的“反弹”，做一个小游戏，直观地感受一下！

内容提要

- 使用图像精灵组件和画布组件实现简单动画类游戏。
- 列表、列表选择框、对话框组件的应用。
- 反弹处理与碰撞处理。
- 经常备份。

5.1 功能描述

弹球游戏模拟了真实球体的物理碰撞，如图 5-1 和图 5-2 所示。游戏中，玩家通过控制横板左右移动来接住弹走的小球，每接住一次，得分加 1 分。如小球落到地板上，则游戏失败。玩家还可以选择不同的球速来挑战不同的难度，非常具有挑战性。

图 5-1 游戏启动屏幕

图 5-2 横板接住小球

AIA ：源代码文件

APK ：安装包文件

视频：功能演示

5.2 组件设计

视频：组件设计

新建一个项目，取名“Ball”。把项目要用到的素材上传到开发网站。本例需要准备 3 张图片：background.jpg（画布背景图片）、

icon.png（图标图片）、board.jpg（横板图片）。

本 APP 的组件设计如图 5-3 所示。具体属性设置如表 5-1 所示。

素材包：素材下载

- ❖ 按钮，1 个来启动游戏。
- ❖ 列表选择框，1 个，提供球速的选择。
- ❖ 标签，1 个，记录得分值。
- ❖ 标签，2 个，放置提示文字。
- ❖ 水平布局，1 个，将上述组件水平对齐排列布局。
- ❖ 画布，1 个，放置动画控件。
- ❖ 图像精灵，1 个，表示横板。
- ❖ 球形精灵，1 个，表示小球。
- ❖ 对话框，1 个显示消息。

图 5-3 “弹球游戏”组件设计

表 5-1 “弹球游戏”组件属性设置

组　件	作　用	命　名	属　性	
Screen	应用默认屏幕，作为放置所需其他组件的容器	Screen1	背景颜色：灰色 状态栏显示：取消勾选	图标：icon.png 标题：弹球游戏
按钮	响应点击事件	按钮＿开始	背景颜色：橙色 粗体：勾选	文本：开始 字号：20
标签	放置提示文字	标签＿球速选择	粗体：勾选 HasMargins：取消勾选 文本：球速选择	字号：20 文本颜色：黄色

续表

组　件	作　用	命　名	属　性	
列表选择框	显示球速列表，供用户选择	列表选择框 1	粗体：勾选 宽度：50 像素	字号：20 文本：10
水平布局	将组件按行排列	水平布局 1	默认	
标签	用于放置提示文字	标签 _ 得分	粗体：勾选 HasMargins：取消勾选 文本：得分	字号：20 文本颜色：黄色
标签	显示得分值	标签 _ 得分值	粗体：勾选 HasMargins：取消勾选 文本：0	字号：20 文本颜色：红色
画布	用于放置动画控件	画布 1	背景图片：background.jpg 高度：400 像素	宽度：充满
图像精灵	用于表示横板	图像精灵 _ 横板	图片：board.jpg X 坐标：125	旋转：取消勾选 Y 坐标：320
球形精灵	表示小球	球形精灵 1	画笔颜色：橙色 X 坐标：60	半径：15 Y 坐标：10
对话框	显示信息	对话框 1	默认	

小小创客记

画布：二维的、具有触感的矩形面板，可以在其中绘画，或让精灵在其中运动。画布可以感知触摸事件，并获知触碰点，也可以感知对其中精灵（图像精灵或球形精灵）的拖曳。

图像精灵：可以也只能被放置在画布内，有多种响应行为：可以回应触摸及拖曳事件，与其他精灵（球形精灵及其他图像精灵）及画布边界产生交互；具有自主行为，根据属性值（方向与速度）进行移动；其外观由图片属性所设定的图像决定。

球形精灵：与图像精灵类似，差别在于，球的外观只能通过改变它的颜色及半径来实现，而图像精灵可以通过设置图像属性来改变自己的外观。

5.3 逻辑设计

视频：逻辑设计

5.3.1 变量定义

变量用来记录“得分值”、“选中球速”和“球速列表”，如图 5-4 所示。注意，游戏中有 6 种球速可供玩家选择，但这里没有直接定义 6 个变量，而是使用“列表”来存放球速。

小小创客记

在 App Inventor 中，“列表”可以看成把数据元素按照特定顺序进行排列的一种数据结

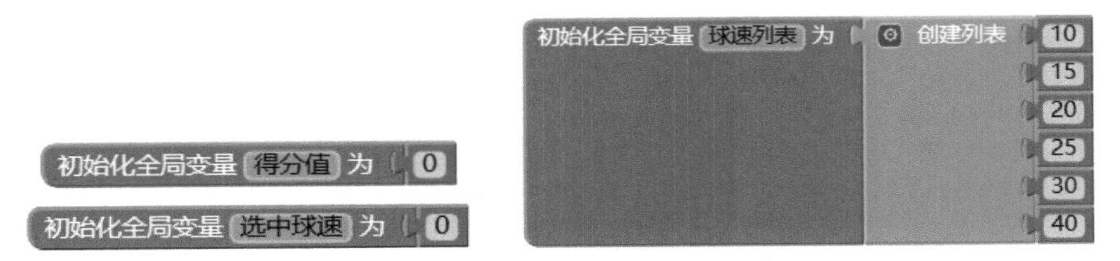

图 5-4　变量定义

构，列表中的每个数据项都有一个对应的位置信息，即索引。开发者可以通过索引来找到列表中所对应的数据项。为了便于使用，App Inventor 把“列表”作为一种内建的逻辑编程组件，并提供了列表创建、列表项添加和列表项选择等多种操作方法供开发者直接调用。

以“创建列表”为例，创建列表功能可以通过两个操作模块实现，可以只创建一个空列表，也可以创建含多个初始列表项的列表，如图 5-5 所示。具体列表项的数量可以根据实际需求调整。列表的单元项不仅可以是文本、数字、颜色等数据类型的值，还可以是列表本身，也就是说，列表中还可以包含列表，形成支持列表嵌套的多级列表。

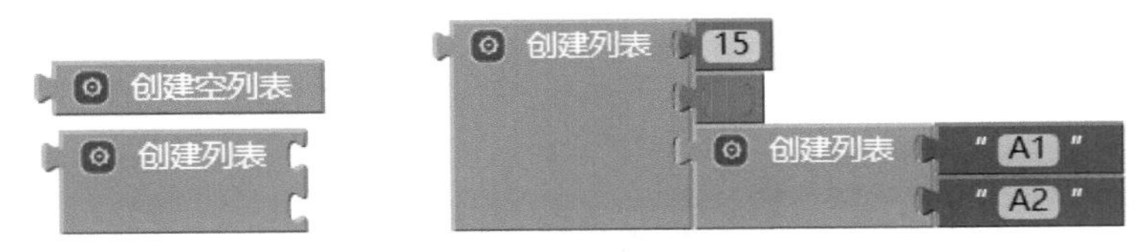

图 5-5　创建列表的操作模块

5.3.2　屏幕初始化

当屏幕初始化时，把列表选择框组件的“元素”属性值设置为“变量球列表”，实现了球速列表的动态加载，如图 5-6 所示。

图 5-6　初始化

5.3.3　选择球速

用户选择了某个球速后，会激发列表选择框的“选择完成”事件，进入相应的事件处理器，可以求出“选中球速”，并将值赋给“列表选择框 1”的文本和球形精灵的速度。具体代码如图 5-7 所示。

图 5-7　选择球速

5.3.4　开始游戏

点击“开始”按钮后，游戏开始。横板和小球都在指定的位置，其中横板的坐标为(125，320)，小球的坐标为(60，10)。得分为0，先设“变量得分值”为0，并将其赋给“标签_得分值”。先求出“球速列表”第一项的值，并将其作为“列表选择框1”的文本值和“球形精灵1”的速度值。球形精灵的方向为随机整数（范围为-160～160）。“开始”按钮不能使用，即启用状态为false。具体代码如图5-8所示。

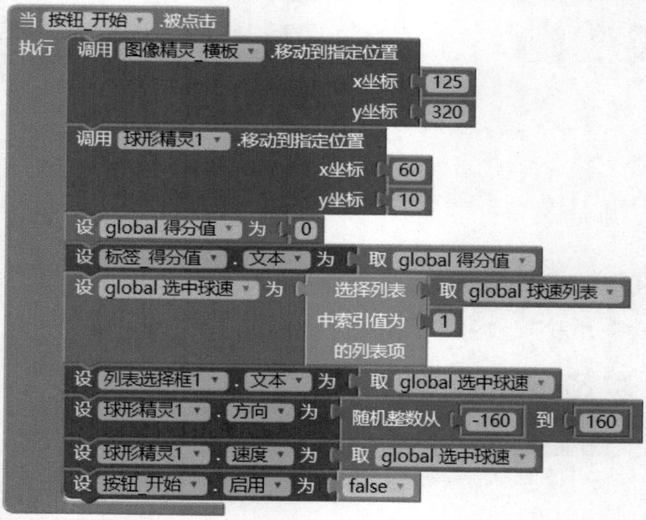

图 5-8　游戏开始

小小创客记

图像精灵或者球形精灵有两个属性可以用于实现连续移动的效果。一是“速度”属性，默认为0。当其值设为大于0时，精灵会自动移动，值越大，则移动越快；二是“方向”属性，用来确定移动的方向。“方向”属性实际表示的是精灵*X*轴正方向的夹角，如图5-9所示。

“方向”取值为 0 时，精灵往正东移动，90° 时往正北，180° 时往正西，270° 或者 -90° 往正南移动。“方向”取值范围是 [0, 360]，也可以是 [-180, 180]，这两种表示效果是相同的。

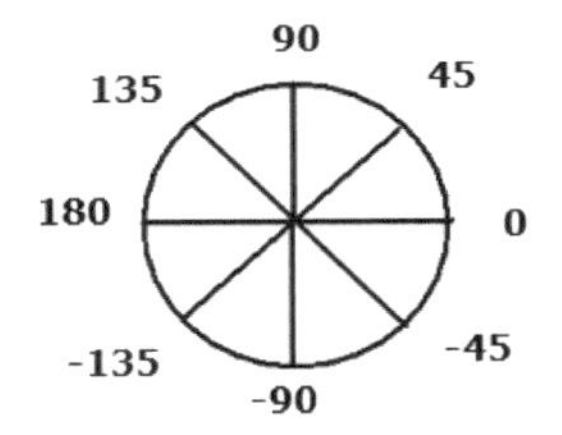

图 5-9　计算机屏幕坐标系

5.3.5　拖动横板

拖动横板会触发图像精灵_横板的“被拖动”事件。为了使横板始终保持水平移动，x 坐标应取参数“当前 x 坐标”，而 y 坐标始终为 320，如图 5-10 所示。

当 图像精灵_横板 .被拖动
起点X坐标 起点Y坐标 前点X坐标 前点Y坐标 当前X坐标 当前Y坐标
执行 调用 图像精灵_横板 .移动到指定位置
x坐标 取 当前X坐标
y坐标 320

图 5-10　拖动横板

5.3.6　球形精灵被碰撞

如果横板接到了小球，即两个精灵发生了碰撞，这个行为将由编写球形精灵的“被碰撞”事件处理器来完成。首先，小球会被反弹出去，新的小球运动方向为 360° 减去原来的运动方向；同时得分加 1，“变量得分值”先自增 1，再将其值赋给标签_得分值，如图 5-11 所示。

当 球形精灵1 .被碰撞
其他精灵
执行 设 球形精灵1 . 方向 为 360 - 球形精灵1 . 方向
设 global 得分值 为 取 global 得分值 + 1
设 标签_得分值 . 文本 为 取 global 得分值

图 5-11　接到小球发生碰撞

5.3.7 到达边界

小球可能碰到画布的边界，这可以通过球形精灵的“到达边界”事件处理器来实现，如图 5-12 所示。它有一个传入的参数“边缘数值”，其值为球型精灵所碰到的边界值。在 App Inventor 中，画布不同的边界有不同的值，如图 5-13 所示，正上方的边界值为 1，右上方顶点（即同时碰到了正上方边界和正右方边界）值为 2，正右方边界值为 3，右下方顶点值为 4，正下方的边界值为 -1，左下方顶点值为 -2，正左方边界值为 -3，左上方顶点值为 -4。通过判断“边缘数值”参数的值，就可以知道球型精灵和画布的哪个边界发生了碰撞。

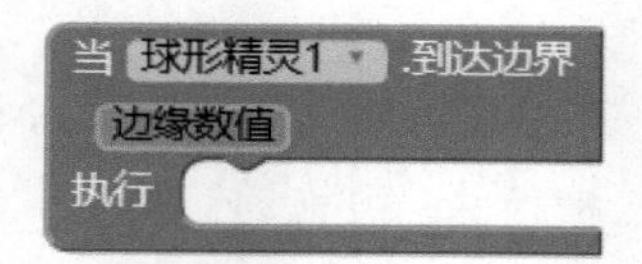

图 5-12　到达边界模块

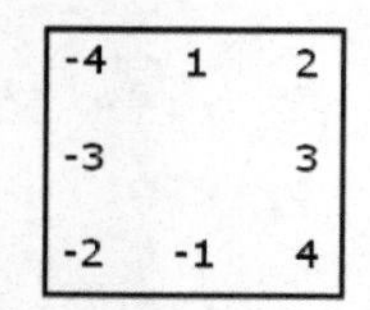

图 5-13　边缘数值

本例中，当小球碰到画布的正下方（即认为小球碰到“地面”）时游戏结束。首先小球停止运动（速度为 0），显示消息对话框（游戏结束，并显示具体得分），“开始”按钮启用（即可重新开始游戏）。当小球碰到画布的其他边界时，小球还能做物理反弹，继续滚动。具体代码如图 5-14 所示。

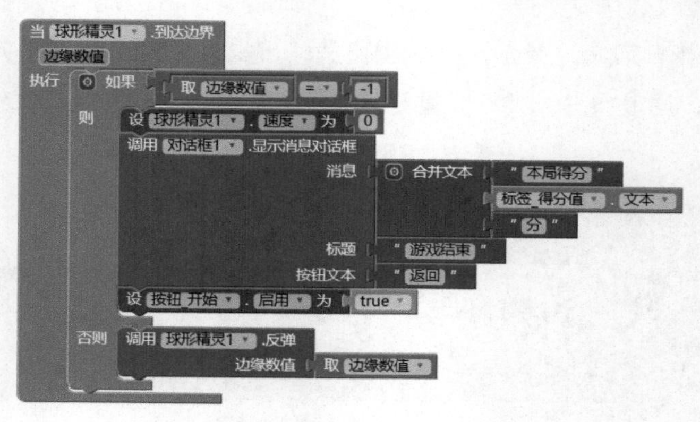

图 5-14　球碰到边界

小小创客记

中国移动 08:32

1. 实践体验。

动手实践“弹球游戏”APP的开发和调试运行过程。想一想，还有什么可以改进的？做一些个性化的完善吧。比如，通过加速度传感器控制横板的移动。

你希望“弹球游戏”有怎样的功能？

____

____

来设计你的手机屏幕吧！

2. 展示分享。邀请朋友或家人一起玩“弹球游戏”应用，然后与他们一起讨论以下几个问题，并记录讨论的结果。

① 这个“弹球游戏”应用，你最得意的是什么？

② 你碰到了什么问题？为什么会造成这种情况？你是如何解决的？

③ 通过学习，你收获了什么？

3. 拓展提高。

尝试保存项目、另存项目、添加检查点。

在开发过程中及时进行项目保存是一个好习惯，这样能避免因为某些原因（如意外掉电、断网等）丢失工作成果。在App Inventor中，系统一般会自动定时地保存当前项目，但经常性地保存和备份自己的工作仍是一种良好的开发实践。尤其在关闭App Inventor之前要做这个操作，以确保自动保存没有漏掉任何东西，让最新的项目保存在网络服务器中。保存项目可以使用“保存项目”命令，它位于“项目”菜单中（如图5-15所示）。

由于开发过程通常较长，项目会以增量模式开发，处于不断的修改变动中，这时应该要做好项目的版本管理，在关键点上要建立项目备份，特别是想要尝试添加一些可能会破坏已有功能的新特性时。备份项目可以通过“另存项目”命令来实现。

在 App Inventor 中，除了提供“另存项目”功能，还提供了“检查点”功能。这两个功能都能实现项目的备份和多版本保存，在项目列表中会多一个新项目。但主要区别在于：“另存项目”后当前编辑的项目为新的项目文件，而建立“检查点”后编辑的仍为旧项目。

通过“另存项目”或者“检查点”保存的项目都能在“我的项目”列表中找到。开发者可以在任何时候打开某个需要的版本，也就具有了回退的功能。这样就不用担心因为错误的尝试导致 APP 不能正常运行了。

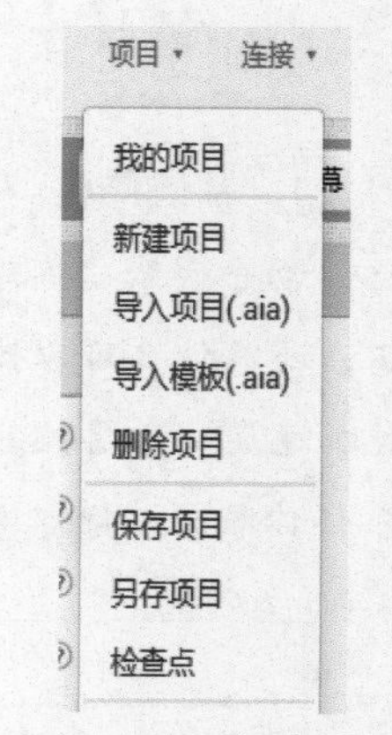

图 5-15 “项目”菜单

第 6 章

打地鼠

有个好玩的游戏，叫做打地鼠，它很考验玩家的手速，还能练习反应能力。操作非常简单，手指就是你的锤子，快速击打将要出洞的地鼠，即可获得分数。

内容提要

- 多屏幕的切换。
- 任意组件模块的使用。
- 画布与精灵的坐标。
- 计时器在游戏中的应用。
- 游戏可玩性的开发。

6.1 功能描述

“打地鼠”游戏（如图 6-1 所示）有 3 种场景可供选择。

- ❖ 场景 1（如图 6-2 所示）：地鼠随机出现在屏幕上，每 500 毫秒移动一次，玩家用手指触摸地鼠，如果碰到地鼠，显示命中数增加 1，并伴有音效，然后地鼠立即移动到一个新位置，如果手指触摸到屏幕但没击中地鼠，则失败数增 1。
- ❖ 场景 2（如图 6-3 所示）：地鼠随机出现在地洞中，当击中 10 只地鼠时，游戏结束并显示“你赢了”。
- ❖ 场景 3（如图 6-4 所示）：倒计时 60 秒，每击中一次地鼠，命中数增 1，当时间为“0”时，显示“游戏结束，请重新开始”。

图 6-1　初始屏幕

图 6-2　场景 1

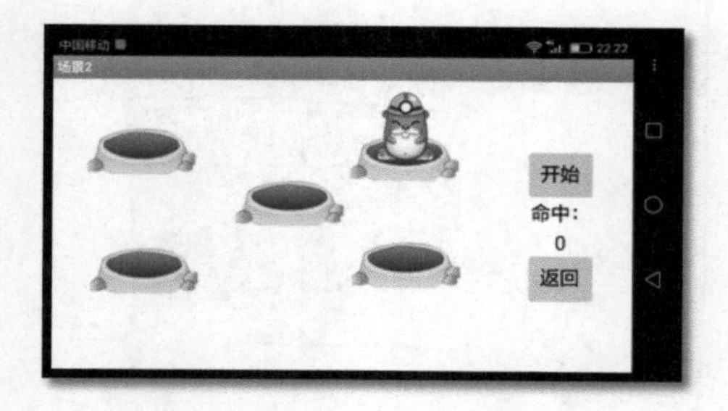

图 6-3　场景 2

图 6-4　场景 3

AIA ：源代码文件

APK ：安装包文件

视频：功能演示

6.2 Screen1 组件设计

视频：组件设计

素材包：素材下载

用自己的账号登录开发网站后，新建一个项目，命名为“whac_a_mole”。把项目要用到的素材先上传到开发网站，本例需要准备的素材为 1 个音效（“打中地鼠”bang.wav）和 4 张图片（地鼠 mole.png、mole2.png，洞 hole2.png、背景 background.png）。

Screen1 组件设计如图 6-5 所示。具体属性设置如表 6-1 所示。

❖ 标签，1 个，显示游戏标题。

❖ 图像，1 个，显示游戏示意图。

❖ 按钮，3 个，用于触发屏幕的跳转。

❖ 水平布局，1 个，使按钮水平对齐。

图 6-5　初始屏幕组件设计

表 6-1　“打地鼠”初始屏幕组件属性设置

组　件	作　用	命　名	属　性	
Screen	应用默认屏幕，作为放置所需其他组件的容器	Screen1	水平对齐：居中 图标：mole.png 屏幕方向：锁定横屏	垂直对齐：居中 标题：打地鼠
图像	显示地鼠图片	图像 1	图片：mole.png	
水平布局	将组件按行排列	水平布局 1	默认	
按钮	响应点击事件（进入场景 1）	按钮 _ 场景 1	背景颜色：橙色 字号：18	文本：场景 1 形状：圆角

续表

组　件	作　　用	命　　名	属　　性	
按钮	响应点击事件（进入场景2）	按钮_场景2	背景颜色：粉色 字号：18	文本：场景2 形状：圆角
按钮	响应点击事件（进入场景3）	按钮_场景3	背景颜色：红色 字号：18	文本：场景3 形状：圆角

6.3　Screen1 逻辑设计

视频：逻辑设计

在 Screen1 屏幕中点击按钮来切换场景。屏幕调用也是一种程序结构控制，在逻辑设计开发屏幕的内置块中，内置块的“控制”模块提供了两种屏幕调用方法（如图 6-6 所示）：“打开屏幕”、“打开屏幕并传值”，其差别在于是否要传一个值给被打开的屏幕。本例中，Screen1 只需调用“打开屏幕”方法，实现代码如图 6-7 所示。

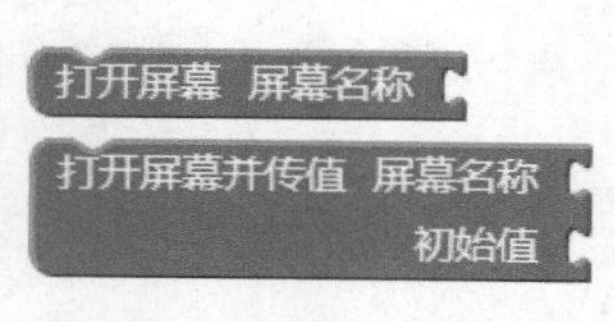

图 6-6　屏幕调用方法

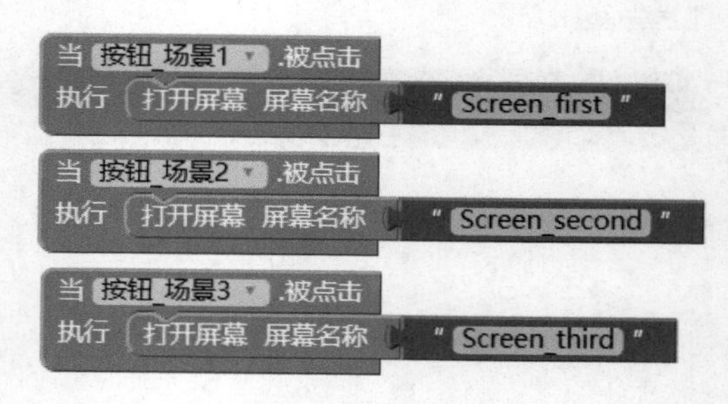

图 6-7　切换场景

小小创客记

App Inventor 中，屏幕不能访问另一个屏幕的组件或者变量。如果要实现屏幕之间的值传递，可以使用“打开屏幕并传值”方法或者“关闭屏幕并返回值”方法，但只能传入一个值，如果需要传入多个值，可以通过列表的形式来传递。接收返回值时，可使用“获取初始值”模块。

6.4　场景 1 组件设计

视频：组件设计

首先新建一个屏幕，单击开发屏幕上方的“新增屏幕”按钮，弹出一个新建屏幕对话框，如图 6-8 所示。屏幕名称可以修改，但不能用中文，如场景 1 的屏幕名称为“Screen_first”。

注意，屏幕组件一旦命名确定后就不能修改了。

场景 1（Screen_first）的组件设计如图 6-9 所示。具体属性设置如表 6-2 所示。

图 6-8　新建屏幕

- ❖ 图像精灵，1 个，表示地鼠。
- ❖ 画布，1 个，地鼠活动区域。
- ❖ 按钮，2 个，控制游戏的开始和返回。
- ❖ 标签，4 个，用于显示命中数和失败数。
- ❖ 水平布局和垂直布局，各 1 个，使屏幕布局整齐。
- ❖ 音效，1 个。
- ❖ 计时器，1 个。

图 6-9　场景 1 组件设计

表 6-2　“打地鼠”场景 1 组件属性设置

组　件	作　用	命　名	属　性
Screen	应用默认屏幕，作为放置所需其他组件的容器	Screen_first	屏幕方向：锁定横屏　标题：场景 1
水平布局	将组件按行排列	水平布局 1	高度、宽度：充满
画布	放置动画控件	画布 1	高度：280　宽度：400
图像精灵	表示地鼠	图像精灵 _ 地鼠	图像：mole.png　启用：不勾选
垂直布局	将组件按列排列	垂直布局 1	高度、宽度：充满　水平对齐：居中　垂直对齐：居中

续表

组　件	作　用	命　名	属　性	
按钮	响应点击事件	按钮 _ 开始	背景颜色：粉色 文本：开始	字号：18 形状：圆角
标签	放置提示文字	标签 1	字号：18	文本：命中：
标签	显示命中数	标签 _ 命中数	字号：18	文本：0
标签	放置提示文字	标签 3	字号：18	文本：失败：
标签	显示失败数	标签 _ 失败数	字号：18	文本：0
按钮	响应点击事件	按钮 _ 返回	背景颜色：橙色 文本：返回	字号：18 形状：圆角
音效	播放击中地鼠时的音效声音	音效 1	源文件：bangwav	
计时器	产生等时间间隔的定时事件	计时器 _ 地鼠	启用计时：不勾选	计时间隔：500

6.5　场景 1 逻辑设计

视频：逻辑设计

1. 定义地鼠移动过程

要理解地鼠如何移动，需要了解 Android 的图形定位机制。画布可以看成由 x（水平）坐标和 y（垂直）坐标织成的网格，如图 6-10 所示，其左上角的坐标为 (0, 0)。x 坐标向右为增大，y 坐标向下为增大。

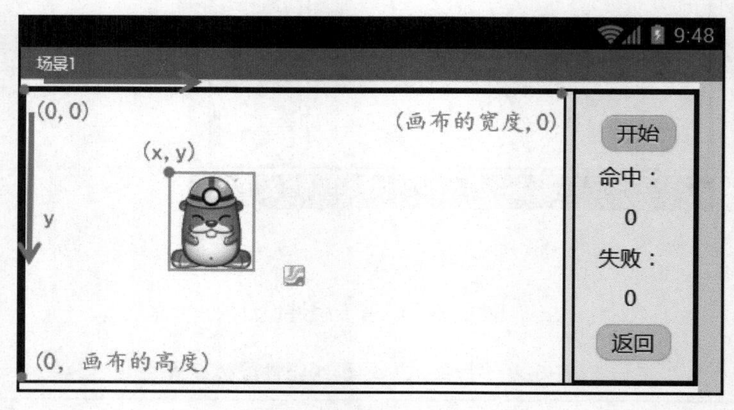

图 6-10　图形定位机制

图像精灵也有坐标，其坐标 x、y 属性表示它左上角的位置，因此当地鼠位于画布左上角时，其 x 和 y 值都是 0。当地鼠位于画布的右下角时，x 坐标是“画布的宽度 - 图像精灵的宽度”，y 坐标是“画布的高度 - 图像精灵的高度”。于是地鼠活动区域如图 6-11 所示。

图 6-11 地鼠移动过程

2. 游戏开始

点击“开始”按钮，可以让游戏回归到初始状态（启用图像精灵和计时器，使失败数和命中数归零），并启动游戏（画布可以触碰，地鼠开始移动）。为了让地鼠每隔一定时间移动一次，所以当“计时器_地鼠”计时也需调用“地鼠移动”，如果觉得地鼠移动得太快或太慢，可以在设计视图中改变“计时器_地鼠”的计时时间属性，从而增加或减小地鼠的移动频率，如图 6-12 所示。

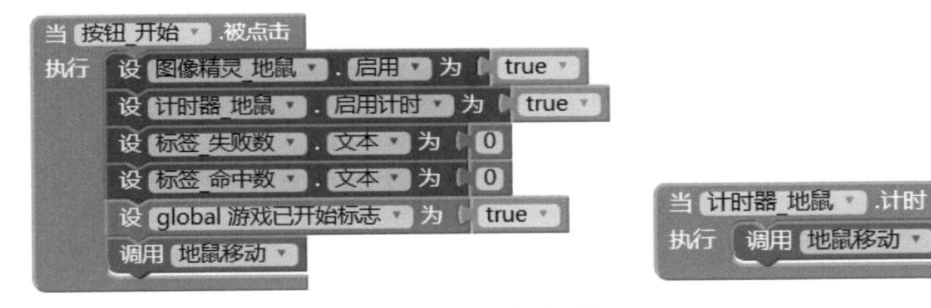

图 6-12 游戏开始

3. 地鼠被触碰

通过画布被触碰事件的处理可以判断地鼠是否被打中了。画布的“被触碰”事件处理器有 3 个参数（如图 6-13 所示）：前 2 个参数表示触摸点的 x、y 坐标；第 3 个参数表示“碰到任意精灵”，如果用户碰到了地鼠，则该值为真，否则该值为假。另外，为了避免当开始按钮还未开启时，手指触碰画布时就已经开始响应计数了。这里专门设置了“游戏已开始标志”，其初始值为“false”。当“开始”按钮被点击时，该标志值设为“true”。只有当“游戏已开始标志”的值为“true”时，才会进入判断是否触碰到了地鼠的代码模块，如图 6-13 所示。

小小创客记

画布组件并没有与按钮等组件那样具有“启用”属性，因此本例中，如果“开始”按钮没有被点击时，不希望画布响应触碰事件，不能直接把“启用”属性设为 false，而是采用一个专用标志变量的方法来实现类似效果。

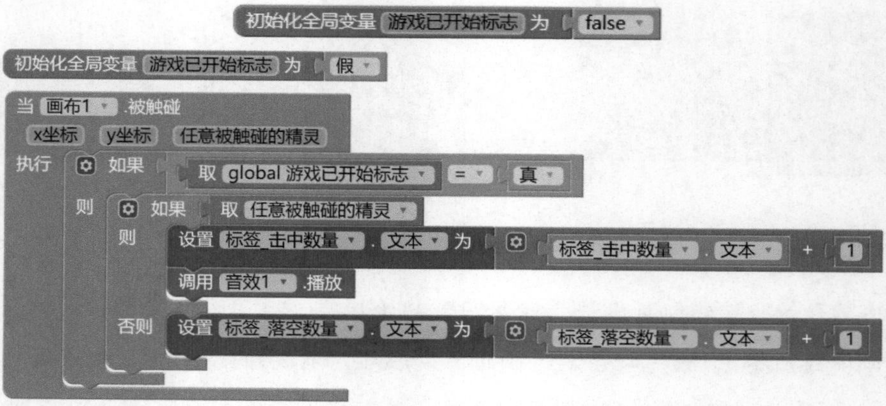

```
初始化全局变量 游戏已开始标志 为 false
初始化全局变量 游戏已开始标志 为 假
当 画布1 .被触碰
  x坐标  y坐标  任意被触碰的精灵
执行 如果 取 global 游戏已开始标志 = 真
  则 如果 取 任意被触碰的精灵
     则 设置 标签_击中数量 . 文本 为 标签_击中数量 . 文本 + 1
        调用 音效1 .播放
     否则 设置 标签_落空数量 . 文本 为 标签_落空数量 . 文本 + 1
```

图 6-13　地鼠被触碰

4. 屏幕返回

点击“返回”按钮，切换回游戏首页，如图 6-14 所示。

图 6-14　返回首页

6.6　场景 2 组件设计

场景 2（Screen_second）让地鼠随机出现在地洞中，所以用 5 个图像精灵来表示地洞，其余组件与场景 1 类似（如图 6-15 所示），具体属性设置如表 6-3 所示。

APK：安装包文件

6.7　场景 2 逻辑设计

视频：逻辑设计

1. 初始化地洞

在屏幕初始化时动态批量修改图像精灵属性。这里，将每个“图像精灵”对象直接作为地洞列表的列表项；循环对“地洞列表”中的每个“洞”都设置图片属性为“hole2.png”；可以使用模块中的“任意组件”（如图 6-16 所示），其中包含在组件设计时用到的组件，不是特指，如本例使用了“任意图像精灵”组件中的模块，泛指 Screen2 中用到的所有的图像精灵组件，如图 6-17 所示。

图 6-15　场景 2 组件设计

表 6-3　“打地鼠”场景 2 组件属性设置

组　件	作　用	命　名	属　性	
Screen	应用默认屏幕，作为放置所需其他组件的容器	Screen_second	屏幕方向：锁定横屏	标题：场景 2
水平布局	将组件按行排列	水平布局 1	高度、宽度：充满	
画布	放置动画控件	画布 1	高度：280	宽度：400
图像精灵	表示洞 1	图像精灵 _ 洞 1	默认	
图像精灵	表示洞 2	图像精灵 _ 洞 2	默认	
图像精灵	表示洞 3	图像精灵 _ 洞 3	默认	
图像精灵	表示洞 4	图像精灵 _ 洞 4	默认	
图像精灵	表示洞 5	图像精灵 _ 洞 5	默认	
图像精灵	表示地鼠	图像精灵 _ 地鼠	图像：mole2.png	启用：不勾选
垂直布局	将组件按列排列	垂直布局 1	高度、宽度：充满 水平对齐：居中	垂直对齐：居中
按钮	响应点击事件	按钮 _ 开始	背景颜色：粉色 文本：开始	字号：18 形状：圆角
标签	放置提示文字	标签 1	字号：18	文本：命中：
标签	显示命中数	标签 _ 命中数	字号：18	文本：0
按钮	响应点击事件	按钮 _ 返回	背景颜色：橙色 文本：返回	字号：18 形状：圆角
标签	显示祝贺语	标签 _ 祝贺语	字号：18 文本颜色：红色	文本：你赢了 显示状态：不勾选
音效	播放击中地鼠时的音效声音	音效 1	源文件：bang.wav	
计时器	产生等时间间隔的定时事件	计时器 _ 地鼠	启用计时：不勾选	计时间隔：500

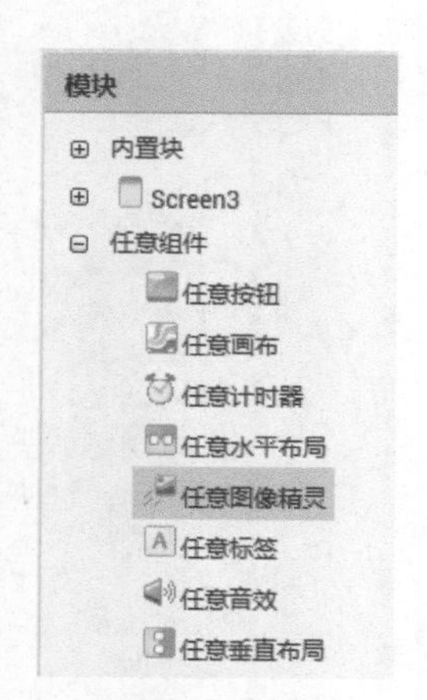

图 6-16　任意组件

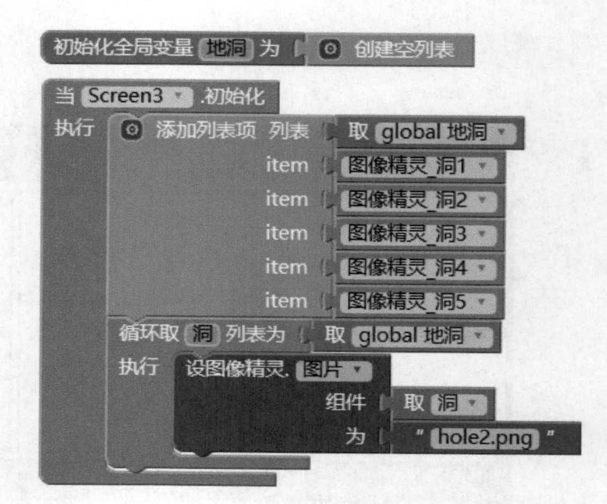

图 6-17　初始化地洞

小小创客记

上述代码中有几个相对比较特殊的模块，如“图像精灵 _ 洞 1”模块（如图 6-18 所示）表示的不是图像精灵的某个属性，而是指该图像精灵对象本身。每个组件都有这样的特殊模块，出现在所有属性的最后一个。

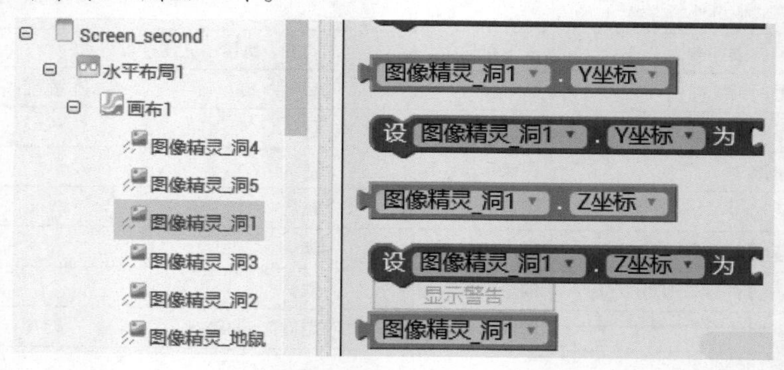

图 6-18　组件本身

2. 定义地鼠移动过程

在场景 2 中，地鼠不能在屏幕上任意“上窜下跳”，只允许出现在洞口。此时，可以任意取出一个“地洞”，将地鼠移动到它所在的位置，如图 6-19 所示。

小小创客记

图像精灵的坐标在左上角，为了使地鼠能准确定位到地洞口，图片需要定制，如图 6-20 所示。

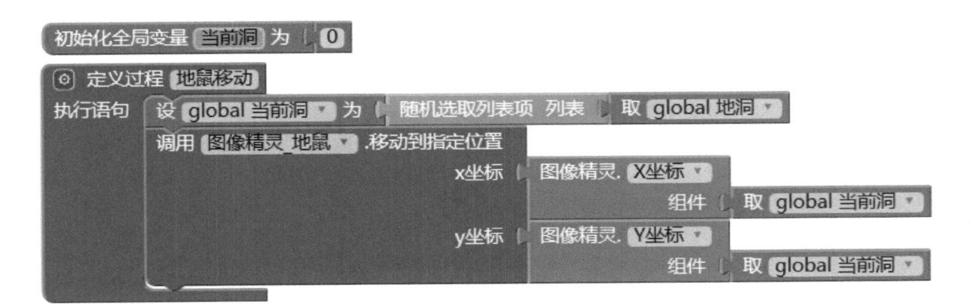

图 6-19　地鼠移动

地鼠（mole2.png）

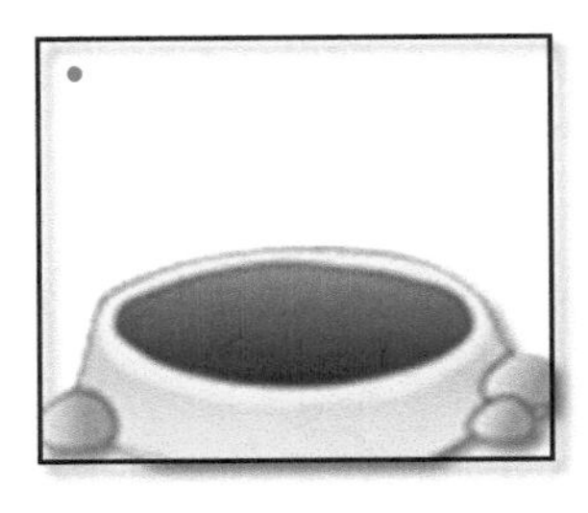

地洞（hole2.png）

地鼠在地洞口

图 6-20　图像精灵图片定制

3. 地鼠被触碰

由于画布中有多个图像精灵，因此不能使用“画布被触碰事件”判断是否触碰到了地鼠（画布的被触碰事件处理器只能判断有没有精灵被触碰到，而不能确认具体哪个精灵被触碰到了）。这里可以使用图像精灵被触碰事件，当用户触摸精灵并立即抬起手指时，触发该事件，参数（x，y）为触摸点相对于画布左上角的坐标。

游戏规则：玩家用手指触碰地鼠，如果碰到地鼠，显示命中数增 1，并伴有音效，当击中 10 只地鼠时，游戏结束，并显示“你赢了”，如图 6-21 所示。

```
当 图像精灵_地鼠 .被触碰
  x坐标  y坐标
执行 设 标签_命中数 . 文本 为 标签_命中数 . 文本 + 1
     如果 标签_命中数 . 文本 < 10
     则 调用 地鼠移动
        调用 音效1 .播放
     否则 设 图像精灵_地鼠 . 启用 为 false
          设 计时器_地鼠 . 启用计时 为 false
          设 标签_祝贺语 . 显示状态 为 true
```

图 6-21　地鼠被触碰

4. 游戏开始

点击“开始”按钮，可以让游戏回归到初始状态。利用计时器，使地鼠每隔一定时间移动一次，如图 6-22 所示。

图 6-22 游戏开始

5. 屏幕返回

点击“返回”按钮，切换回游戏首页，如图 6-23 所示。

图 6-23 返回首页

6.8 场景 3 组件设计

视频：组件设计

场景 3 的组件设计如图 6-24 所示，具体组件及属性设置如表 6-4 所示。

6.9 场景 3 逻辑设计

视频：逻辑设计

1. 定义地鼠移动过程

在场景 3 中，地鼠只允许出现在洞口，但地洞仅是画布背景图的一部分。因此，可以将“地鼠”放置在洞口，在“地鼠”的组件属性上将坐标记录下来（如图 6-25 所示）。同时，建议画布使用固定的宽度和高度，这样坐标才精确。

记录下来的坐标可以用两个列表变量记录下来，通过随机整数取出一个坐标序号，将地鼠移动到相应的位置，如图 6-26 所示。

图 6-24　场景 3 组件设计

表 6-4　“打地鼠”场景 3 组件属性设置

组　件	作　用	命　名	属　性	
Screen	应用默认屏幕，作为放置所需其他组件的容器	Screen_third	屏幕方向：锁定横屏 允许滚动：勾选	标题：场景 3
水平布局	将组件按行排列	水平布局 1	高度、宽度：充满	
画布	放置动画控件	画布 1	高度：280 背景图片：background.png	宽度：400
图像精灵	表示地鼠	图像精灵 _ 地鼠	图片：mole.png	启用：不勾选
垂直布局	将组件按列排列	垂直布局 1	高度、宽度：充满 水平对齐：居中	垂直对齐：居中
按钮	响应点击事件	按钮 _ 开始	背景颜色：粉色 文本：开始	字号：18 形状：圆角
标签	放置提示文字	标签 1	字号：18	文本：命中：
标签	显示命中数	标签 _ 命中数	字号：18	文本：0
标签	放置提示文字	标签 3	字号：18	文本：时间：
标签	显示倒计时	标签 _ 倒计时	字号：18	文本：60
按钮	响应点击事件	按钮 _ 返回	背景颜色：橙色 文本：返回	字号：18 形状：圆角
音效	播放击中地鼠时的音效声音	音效 1	源文件：bang.wav	
计时器	产生等时间间隔的定时事件	计时器 _ 地鼠	启用计时：不勾选	计时间隔：500
计时器	产生等时间间隔的定时事件	计时器 _ 倒计时	启用计时：不勾选	

图 6-25　记录属性 X、Y 坐标

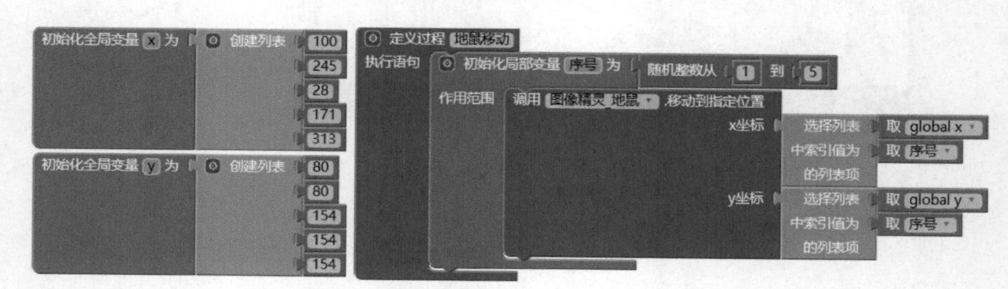

图 6-26　地鼠移动

2. 地鼠被触碰

地鼠被击中，命中数增 1，音效播放，如图 6-27 所示。

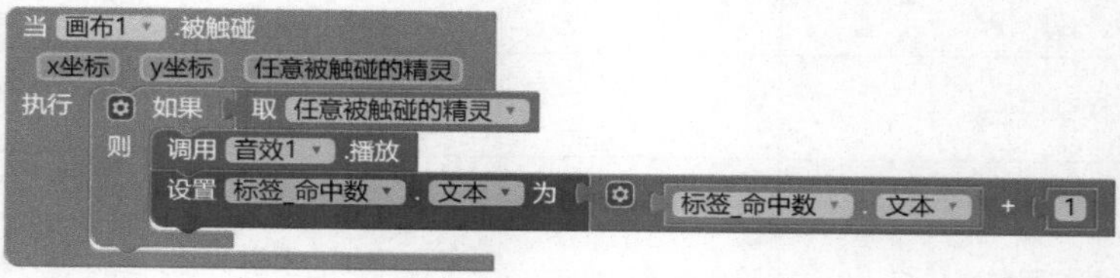

图 6-27　地鼠被触碰

3. 游戏开始

与前两个场景非常相似，不同之处在于，场景 3 将通过在画布上“画字”的方法来提示游戏结束，因此在初始化时需要清除画布，如图 6-28 所示。

图 6-28　游戏开始

4. 倒计时设置

计时器启动后，每间隔 1 秒，倒计时显示文本会减 1，直至为 0，游戏结束（计时器不启用），同时在画布上显示“游戏结束，请重新开始”。这里是在画布上指定位置书写文字，字号和对齐方式属性在设计视图中设定，如图 6-29 所示。

```
当 计时器_倒计时 .计时
执行 如果 标签_倒计时 . 文本 = 0
     则 设 计时器_倒计时 . 启用计时 为 false
        设 计时器_地鼠 . 启用计时 为 false
        设 画布1 . 画笔颜色 为
        设 画布1 . 字号 为 25
        调用 画布1 .画字
                 文本 "游戏结束，请重新开始"
                 x坐标 150
                 y坐标 80
     否则 设 标签_倒计时 . 文本 为 标签_倒计时 . 文本 - 1
```

图 6-29　**倒计时**

5. 屏幕返回

点击“返回”按钮，切换回游戏首页，如图 6-30 所示。

图 6-30　**返回首页**

小小创客记

1. 实践体验。

动手实践“打地鼠”APP 的开发和调试运行过程。想一想，还有什么可以改进的？做一些个性化的完善吧。比如：为玩家的手指增加锤头图片；增加地鼠个数，设置不同的计时间隔，使地鼠此起彼伏地出现。

中国移动　08:32

你希望“打地鼠”有怎样的游戏规则？

____

____

____

____

来设计你的手机屏幕吧！

2. 展示分享。

邀请朋友或家人一起玩“打地鼠”应用，然后与他们一起讨论以下几个问题，并记录讨论的结果。

① 这个“打地鼠”应用，你最得意的是什么？

② 你碰到了什么问题？为什么会造成这种情况？你是如何解决的？

③ 通过学习，你收获了什么？

3. 智力问答。

在 App Inventor 开发多屏幕 APP 时，默认建立的 Screen1 屏幕是运行时第一个显示出来的主屏幕，如果想让 APP 运行时最早让用户看到的是 Screen2，有什么办法？

第7章 我爱记单词

你曾经有没有碰到过这样的麻烦？英语单词老是记不住，记会的单词时间一长又会忘记，家长进行听写有时一忙又顾不上了。本章就来开发一款可以帮助我们记忆英语单词的APP——“我爱记单词”。

内容提要

- 使用文件管理器组件调用外部文件。
- CSV文件和列表之间的转换。
- 二维列表。

7.1 功能描述

我爱记单词，把单词印在脑子里！点击“我爱记单词”（如图 7-1 所示），随机切换到单词库中下一个单词；点击“释义”，可以切换释义的显示与隐藏（如图 7-2 所示）；点击“单词”，可以切换单词的显示与隐藏；点击“发音”，可以再念读一次；默认念读的是英文单词，可以在复选框中打勾，这时候念读的是中文解释。

图 7-1　初始屏幕

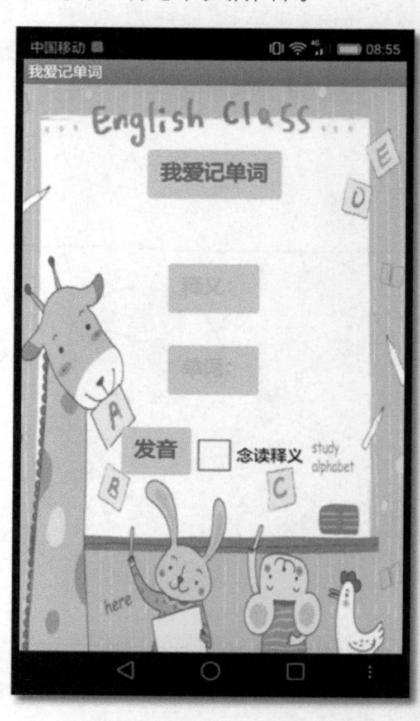

图 7-2　释义、单词都隐藏屏幕

AIA ：源代码文件

APK ：安装包文件

视频：功能演示

7.2 组件设计

视频：组件设计

新建一个项目，取名“english”。

本 APP 的组件设计如图 7-3 所示。

- ❖ 需要按钮，4 个，用于触发相应事件。
- ❖ 标签，2 个，用于显示单词及释义。
- ❖ 复选框，1 个，用于选择是念读单词还是释义。
- ❖ 文本语音转换器，1 个。
- ❖ 水平布局组件，5 个，使得屏幕显示美观。
- ❖ 文件管理器，1 个。

素材包：素材下载

图 7-3 “我爱记单词”组件设计

具体属性设置如表 7-1 所示。

表 7-1 “我爱记单词”组件属性设置

组　件	作　用	命　名	属　性	
Screen	应用默认屏幕，作为放置所需其他组件的容器	Screen1	背景图片：background.jpg 屏幕方向：锁定竖屏	图标：icon.png 标题：我爱记单词
水平布局	实现内部组件水平排列布局	水平布局 1	水平对齐：居中 高度、宽度：充满	垂直对齐：居下 背景颜色：透明
水平布局	实现内部组件水平排列布局	水平布局 2	水平对齐：居中 高度、宽度：充满	垂直对齐：居下 背景颜色：透明
按钮	切换到单词库中下一个单词	按钮_我爱记单词	粗体：勾选 形状：圆角 文本：我爱记单词	字号：18 文本颜色：红色

续表

组　件	作　用	命　名	属　性	
按钮	切换释义的显示与隐藏	按钮 _ 释义	粗体：勾选 形状：圆角 文本颜色：粉色	字号：18 文本：释义：
标签	放置释义	标签 _ 释义	粗体：勾选 文本：学习	字号：18 文本颜色：深灰
水平布局	实现内部组件水平排列布局	水平布局 3	水平对齐：居中 高度、宽度：充满	垂直对齐：居中 背景颜色：透明
按钮	切换单词的显示与隐藏	按钮 _ 单词	粗体：勾选 形状：圆角 文本颜色：橙色	字号：18 文本：单词：
标签	放置单词	标签 _ 单词	粗体：勾选 文本：study	字号：18 文本颜色：深灰
水平布局	实现内部组件水平排列布局	水平布局 4	水平对齐：居中 高度、宽度：充满	垂直对齐：居上 背景颜色：透明
按钮	再念读一次	按钮 _ 发音	粗体：勾选 形状：圆角 文本颜色：品红	字号：18 文本：发音
复选框	默认念读单词，复选框勾选念读释义	复选框 1	文本：念读释义	
水平布局	实现内部组件水平排列布局	水平布局 5	水平对齐：居左 高度、宽度：充满	垂直对齐：居上 背景颜色：透明
文件管理器	打开英语单词表文件	文件管理器 1	/	
文本语音转换器	把文字变成声音	文本语音转换器 1	默认	

上传所需的素材，除了图片资源外，还需要一个关键素材——英语单词表，即初中阶段英语单词文件 english.csv，其中包含 2616 个单词及其释义。

7.3 逻辑设计

1. 读取英语单词表

当屏幕初始化时，调用文件管理器读取文件，如图 7-4 所示。

视频：逻辑设计

图 7-4　读取英语单词表

App Inventor 开发网站中上传的所有素材文件，在通过 AI 伴侣调试运行时都会存放在手机的“/AppInventor/assets/”目录中，因此在通过 AI 伴侣连接运行时，也可以把图 7-4 中的文件名设置为“/AppInventor/assets/english.csv”。但这样有缺陷，如果 APP 只是通过 apk 文件直接在手机上安装，则项目的素材会根据路径不同而存放在不同的目录中，这样就会因为在绝对路径“/AppInventor/assets/”中找不到 english.csv 文件而不能正常运行。

当文件名设置为“// 素材文件名”时，则以相对路径模式来读取，无论是 AI 伴侣模式还是 apk 安装模式，都能在正确的目录中找到指定文件。所以，建议读取上传素材库中的文件时，以“// ”相对路径模式来指定文件名，如图 7-4 所示，本例把文件名设置为“//english.csv”。

小小创客记

现实生活中会有很多现成的单词表（Excel 格式），在 App Inventor 中能否直接调用呢？这是可以的！不过，先要对 Excel 文件做一点处理。

CSV 格式的文件其实是由逗号作为分隔符的文本文件，可以用记事本打开。由于通过 Excel 另存的 CSV 格式文件默认编码为 ANSI，这种编码在 App Inventor 中打开会出现中文乱码，因此需要通过记事本打开，然后另存为 UTF-8 编码格式。

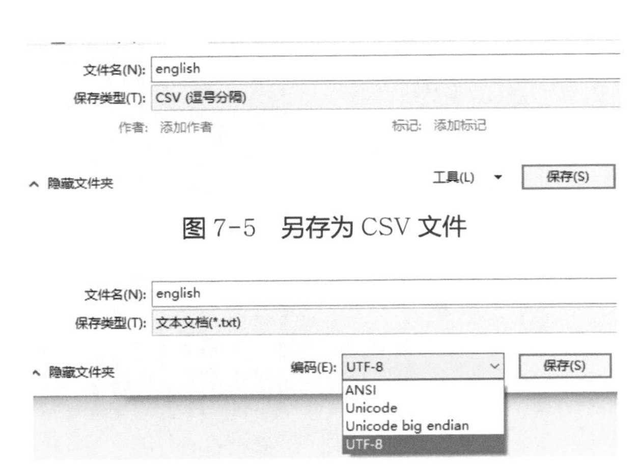

图 7-5　另存为 CSV 文件

图 7-6　另存为 UTF-8 类型

将 Excel 文件另存为逗号分隔的 CSV 文件（如图 7-5 所示）。再用记事本打开 CSV 文件，选择“文件”菜单中的“另存为”，将文件编码设置为 UTF-8（如图 7-6 所示）。图 7-7 和图 7-8 是 english.csv 文件分别通过 Excel 和记事本打开的示意。

图 7-7　用 Excel 打开 CSV 文件

图 7-8　用记事本打开 CSV 文件

然后，初始化全局变量单词列表，当文件管理器获得文本时，将 CSV 转列表。这时外部的文件已经转化为内部的列表了，如图 7-9 所示。

CSV 文件实际上是被转换为了一个二维列表，即 CSV 文件中的每一行先转换成一个列表，该行的每一列元素转变为该列表中的一个列表项。比如，文件管理器读取 english.csv 文件，将它转换为单词列表，该单词列表的列表项又是列表，由两项组成，第一项是释义，第二项是单词的相关词。转换后的列表如图 7-10 所示。

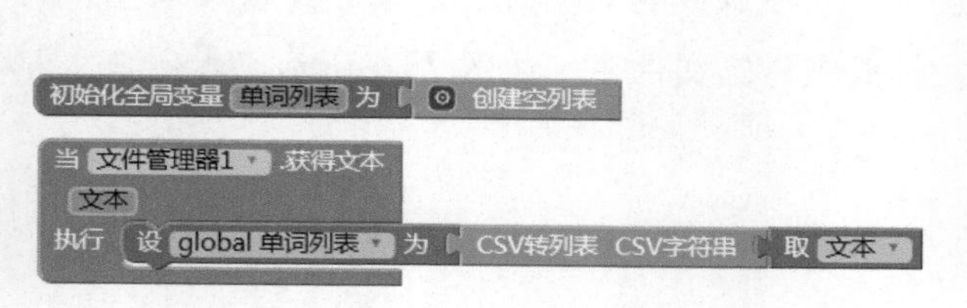

图 7-9 获得文本

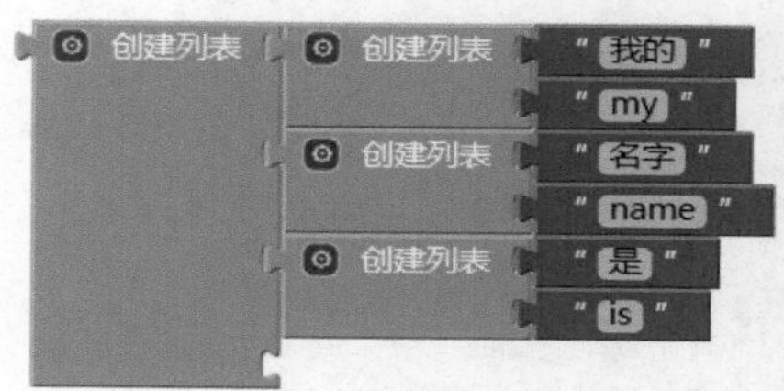

图 7-10 单词列表示意

2. 点击事件处理

当点击“我爱记单词”按钮时，从单词列表中随机取出一个单词。这里可以设一个局部变量“随机单词”，从单词列表中随机取出一个单词；然后分别取出它的第一项给标签释义，第二项给标签单词；再判断复选框是否被选中，如果选中，念读中文释义，否则念读英文单词。具体代码模块如图 7-11 所示。

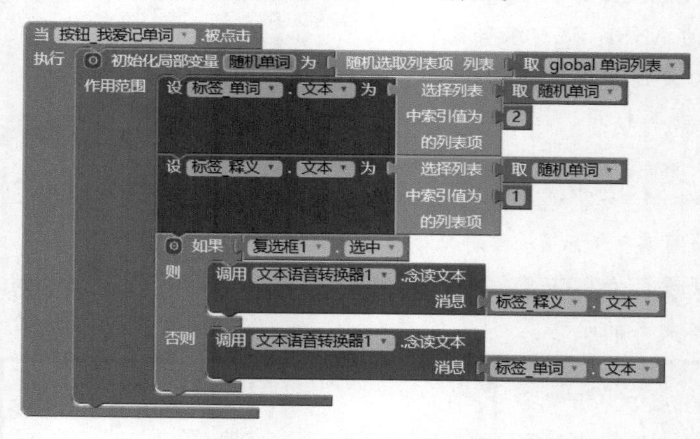

图 7-11 点击事件处理

小小创客记

随机产生一个单词，也可以使用“选择列表…中索引值为…的列表项”模块，如

图 7-12 所示。这里的索引值为一个随机整数，取值范围是“1”到“单词列表的长度”。

图 7-12 另一种“随机产生一个单词”的方法

3. 显示 / 隐藏单词

点击“单词”按钮时，可以显示或隐藏单词。这个操作其实非常简单，只需取标签原来的显示状态的相反状态即可，如图 7-13 所示。

图 7-13 显示 / 隐藏单词

4. 显示 / 隐藏释义

点击“释义”按钮时，可以显示或隐藏释义，如图 7-14 所示。

当 按钮_释义 .被点击
执行 设 标签_释义 . 显示状态 为 否定 标签_释义 . 显示状态

图 7-14 显示 / 隐藏释义

5. 发音功能

点击“发音”按钮时，首先判断复选框的选中状态，从而判断念读中文释义还是英语单词，然后发音；点击一次，念读一遍，如图 7-15 所示。

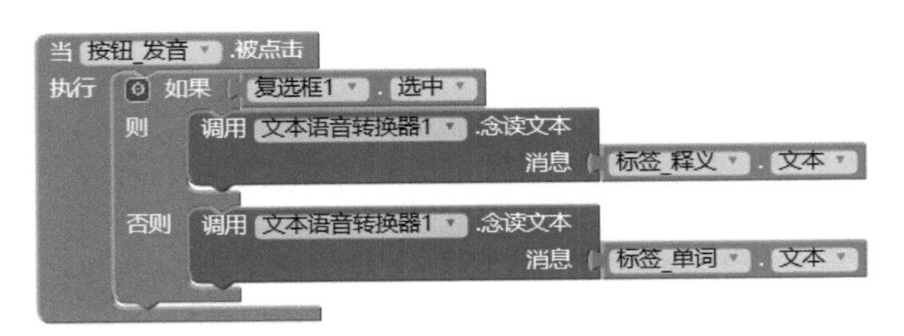

图 7-15 发音功能

小小创客记

1. 修正 bug

某同学正确地完成了组件设计和逻辑设计，但将 APK 下载安装到手机中运行，却发生了错误（如图 7-16 所示）。判断哪个环节出错了？你有什么办法可以解决这个问题？

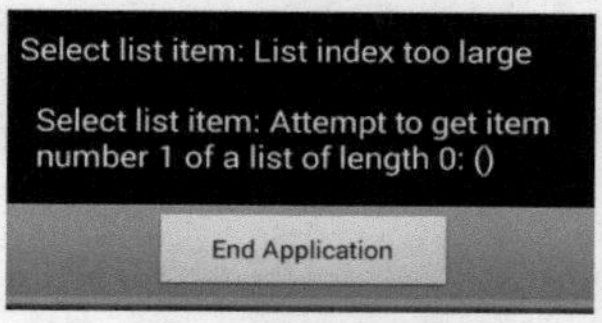

Select list item: List index too large

Select list item: Attempt to get item number 1 of a list of length 0: ()

End Application

图 7-16　错误屏幕

2. 实践体验

动手实践“我爱记单词”APP 的开发和调试运行过程。还有什么可以改进的？做一些个性化的完善吧，如：增加单词次数统计，显示背了多少个单词；增加计时功能，统计花了多少时间等。

你希望“我爱记单词”如何来帮助你记忆单词？

______

______

______

______

中国移动 08:32

来设计你的手机屏幕吧！

3. 展示分享

邀请朋友或家人一起玩“我爱记单词”游戏，然后与他们讨论以下几个问题，并记录讨论的结果。

① 这个“我爱记单词”应用，你最得意的是什么？

② 你碰到了什么问题？为何会造成这种情况？你是如何解决的？

③ 通过学习，你收获了什么？

4. 智力问答

CSV 文件有什么特点？把 CSV 文件转换为列表是按什么规律进行的？

第 8 章 环境监测

“我们只有一个地球，请保护环境，还自己一个绿色的星球！” 对于保护环境，我们需要做的事情实在太多了。本章就来设计制作“环境监测”APP，输入需要监测的城市，返回一小时内该地区的环境质量情况，做一名小小环境监测员。

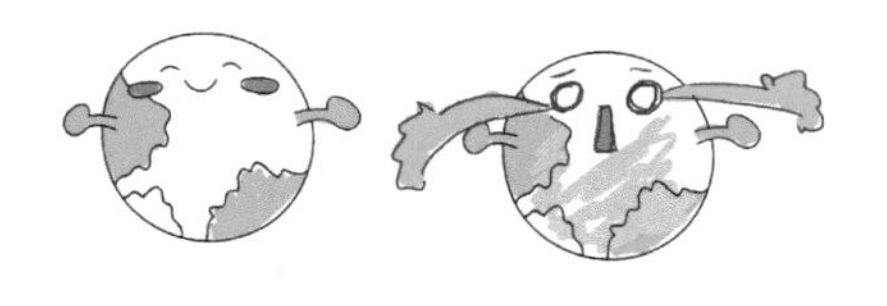

内容提要

- 利用网络 API 进行软件开发。
- 使用 Web 客户端组件来访问网络服务。
- 掌握 JSON 数据解析方法。
- 基于服务的软件开发。

8.1 功能描述

“环境监测” APP 可以随时了解身边环境情况。操作简单，输入需要监测的城市（如图 8-1 所示），会返回在这一小时内该地区的“天气、气温、湿度、气压、风速、风向、风级、有毒有害气体”等情况。例如，输入“杭州”，点击“确定”按钮（太阳），便可以查看杭州的环境情况（如图 8-2 所示）。

图 8-1　主屏幕

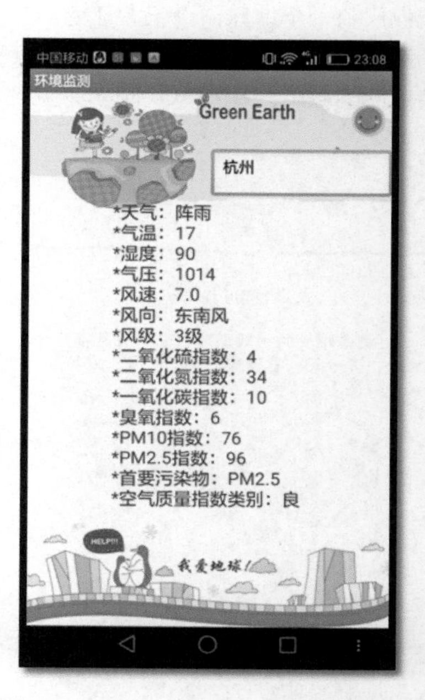

图 8-2　输入“杭州”查看环境情况

AIA ：源代码文件

APK ：安装包文件

视频：功能演示

8.2 组件设计

视频：组件设计

新建项目，取名“Social”。上传项目用到的素材（背景图片 social.jpg，按钮图片 ok.png，图标 icon.png）到开发网站。

本 APP 通过“文本输入框”输入需要监测的城市，通过“按钮”触发获取网络数据，并将数据显示在“标签”中，当然需要若干“布局组件”，让屏幕设计更美观。在 App Inventor 中，如果从 Web 服务的 API 中获取数据，需要使用“Web 客户端组件”。

素材包：素材下载

本 APP 的组件设计如图 8-3 所示。Web 客户端组件是一个非可视化控件，提供后台获取数据的功能。本例是基于阿里云市场的数据与 API 频道（https://market.aliyun. com/data）提供的 Web 服务来进行开发的。阿里云市场提供了各类 API 服务，开发者可以从中找到自己所需的服务，按照访问接口要求就可以访问了。

其组件的具体属性设置如表 8-1 所示。

图 8-3　组件设计

表 8-1 “环境监测”组件属性设置

组 件	作 用	命 名	属 性
Screen	应用默认屏幕，作为放置所需其他组件的容器	Screen1	水平对齐：居中 图标：icon.png 标题：环境监测 背景图片：social.jpg 屏幕方向：锁定竖屏
水平布局	实现内部组件水平排列布局	水平布局 1	水平对齐：居右 背景颜色：透明 宽度：充满
垂直布局	实现内部组件垂直排列布局	垂直布局 1	水平对齐：居右 宽度：充满 垂直对齐：居下 背景颜色：透明
按钮	开始查询	按钮 _ 确定	高度、宽度：50 像素 图像：ok.png
文本输入框	输入查询的城市	文本输入框 1	提示：请输入监测城市
水平布局	实现内部组件水平排列布局	水平布局 2	水平对齐：居中 高度、宽度：充满
标签	显示环境质量情况	标签 _ 监测数据显示	文本：无 文本颜色：深灰 字号：16
Web 客户端	访问 Web 服务，获取天气信息	Web 客户端 1	默认

小小创客记

并非所有的软件功能都要开发者自己从零开始构建，完全可以借助专业机构开发并发布在网络的 API（应用程序开发接口）来实现。我们不需要理解其内部实现的具体细节，只需要按照网络 API 的访问规范就可以访问所需要的功能，像装配工一样，把所需的功能集成在一起，成为你自己的软件。

阿里云市场（如图 8-4 所示）提供了各类 API 服务，你可以在上面找到感兴趣的服务。

图 8-4 阿里云市场

文本输入框中设置了“提示”属性的值，当 APP 运行时，如果文本框中文字为空，就会显示灰色的提示文字。这种提示对用户使用比较有好处。一个好的软件是不需要写一本厚厚的用户使用指南的，软件本身就能在适当的场景提示用户如何操作，这样的软件才能谈得上是用户友好。

8.3 逻辑设计

视频：逻辑设计

1. 全国天气预报查询 API 简介

打开阿里云市场，点击“气象水利”，或者通过搜索查询找到需要的“全国天气预报查询”。具体的 API 简介主页地址如下：

https://market.aliyun.com/products/57096001/cmapi011242.html?spm=5176.730005-56928004.0.0.Es4AU9#sku=yuncode524200004

调用网络 API 服务需要知道一些具体的信息，如接口地址、请求方法和请求参数等，这些信息可以在 API 简介主页中找到。本例所用的 API 基本信息如下：

- ❖ 接口地址：http://jisutianqi.market.alicloudapi.com/weather/query。
- ❖ 请求方法：GET。
- ❖ 返回类型：JSON。
- ❖ API 调用：API 简单身份认证调用方法（APPCODE）。

请求参数包括两部分：一部分是信息头（Hearders），访问时需要提供 AppCode，即 API 秘匙；另一部分是请求参数（Query），可选参数为 city、citycode、cityid、ip、location，如表 8-2 所示。

表 8-2 请求参数

名 称	类 型	是否必须	描 述
city	STRING	可选	城市（city、cityid、citycode 三者任选其一）
citycode	STRING	可选	城市天气代号（city、cityid、citycode 三者任选其一）
cityid	STRING	可选	城市 ID（city、cityid、citycode 三者任选其一）
ip	STRING	可选	IP
location	STRING	可选	经纬度，纬度在前，用“,”分割，如“39.983424,116.322987”

全国天气预报 Web 服务提供了 API 调试工具，可以让开发者更方便地了解和调用。单击图 8-5 中的“去调试”按钮时，会进入 API 调试工具页面，如图 8-6 所示。在 API 调试页面中输入 city 等参数值后，单击“发送”按钮，就会得到响应信息，即查询返回结果，如图 8-6 所示，然后就可以方便地查看这些结果了。

天气预报查询接口

调用地址：http://jisutianqi.market.alicloudapi.com/weather/query

请求方式：GET

返回类型：JSON

API 调用：API 简单身份认证调用方法（APPCODE）展开

调试工具：去调试

图 8-5 去调试

图 8-6 API 调试页面

小小创客记

AppCode 的值与每个开发者账号绑定，注册成为阿里云用户且登录后，就会自动获取当前登录用户的 AppCode 值。

2. 单击按钮，发起查询信息的请求

第一步：设置 Web 客户端的属性“请求头”的值。注意，这里以二级列表的形式输入自己的 AppCode。在设置请求头时需要注意请求格式，要采用二级列表的形式提供，即参数是一个列表，这个列表中的每个单元项也是一个列表，在第二级列表中有两个单元项，以“键 - 值”对的形式存在，即分别是关键字和值。如图 8-7 所示，第二级列表的第一个单元项内容是“Authorization”，第二个单元项内容是“APPCODE+半角空格 +APPCODE 值”。采用二级列表模式是因为请求头可能有多组参数，每组就是一个参数的“键 - 值”对。

图 8-7　设置请求头

第二步：设置 Web 客户端的属性“网址”的值。需要监测的城市是通过文本输入框产生的，所以这里采用合并文本的方式。因为网址采用的是 URI 编码，所以需要再调用 Web 客户端的 URI 编码模块，如图 8-8 所示。

图 8-8　设置网址

第三步：调用 Web 客户端 1 控件的 GET 方法向服务器提交服务请求，如图 8-9 所示。

图 8-9　调用 GET 请求

第四步：按钮被点击事件，将模块拼接在一起，如图 8-10 所示。

图 8-10　服务请求处理

小小创客记

使用 Web 客户端组件访问 API 的一个难点就是设置请求指令，有些 API 只要求设置网址，有些 API 要求设置请求头，要仔细阅读 API 提供方编制的开发文档，才能正确设置请求信息，保证请求的成功！

3. Web 客户端获得文本事件

当发出 Web 服务的 GET 请求后，Web 客户端将收到返回的信息。Web 客户端有“保存响应信息”属性，如果勾选了（值为 true），则收到返回信息后，会把返回信息保存为一个文件，激活 Web 客户端“获得文件”事件。“获得文件”事件用来获取响应数据文件的位置信息。如果没有选择“保存响应信息”，那么收到返回信息后，就会触发 Web 客户端的“获得文本”事件。“获得文本”事件用来获取响应数据的文本数据。本 APP 使用“获得文本”事件，有 4 个传入参数，如图 8-11 所示。

图 8-11　Web 客户端 1“获得文本”事件处理器

“响应代码”表示数据请求的结果，用一个数字表示请求成功或为什么请求失败，如经常会用到的：如果一切正常，数据成功返回，响应代码是 200；请求不合法时，响应代码为 400；没发现请求的资源，响应代码是 404；服务不可用，请求代码是 503。

“响应类型”表示返回的数据类型，如“text/csv/”表示获取到 CSV 格式的文本数据，“image/jpeg”表示获取到 JPEG 格式的图像文件。

为了确定返回的数据是否有效，要先判断“响应代码”的值是不是 200，如果请求数据成功，则建立一个局部变量“mycontent”，初始值为空文本，将参数“响应内容”赋给局部变量“mycontent”，如图 8-12 所示。因为此 API 返还的响应内容是 JSON 格式数据，所以需要进一步对数据进行处理——解析 JSON 文本。

图 8-12　Web 客户端 1“获得文本”事件部分代码

4. 解析 JSON 数据

（1）查找“weather”

先取出 JSON 返回示例，因为比较长，不妨取出其中一段，如图 8-13 所示。本课最后附有完整的返回示例。

JSON 简介

JSON（JavaScript Object Notation）是一种轻量级的数据交换格式，采用完全独立于语言的文本格式，从而成为理想的数据交换语言。JSON 易于阅读和编写，也易于机器解析和生成（网络传输速率）。

```
{
  "status": "0",
  "msg": "ok",
  "result": {
    "city": "安顺",
    "cityid": "111",
    "citycode": "101260301",
    "date": "2015-12-22",
    "week": "星期二",
    "weather": "多云",
    "temp": "16",
    ……
  }
}
```


图 8-13　JSON 返回示例部分代码

JSON 就是 JavaScript 中的对象和数组，通过这两种结构可以表示各种复杂的结构。

对象在 JavaScript 中表示为“{}”括起的内容，数据结构为“{key:value, key:value, …}”的键 - 值对的结构，key 为对象的属性，value 为对应的属性值，属性值的类型可以是数字、字符串、逻辑值、数组、对象等。

数组在 JavaScript 中是由“[]”括起的内容，数据结构为“["java", "javascript","vb", …]”，数组中每个元素由“,”分隔，取值方式与所有语言中一样，通过索引（位置）获取，字段值的类型可以是数字、字符串、逻辑值、数组、对象等。

JSON 文本转换为 App Inventor 列表格式的方法

JSON 格式的文本难以直接访问操作，通过 Web 客户端组件提供的“解码 JSON 文本”方法，可以把传入的 JSON 格式文本变换成 App Inventor 更易处理的列表格式。转换规则如下：

① JSON 数组被转换为 App Inventor 中的列表。例如，JSON 的数组 [x, y, z] 会被变换为 App Inventor 中的列表 (x y z)。

② 只含一个属性值对（键 - 值对）的 JSON 对象被转换为只有 2 个单元项的列表。例如，{a: 123} 会被变换列表 (a 123)。

③ 含有多个属性值对（键 - 值对）的对象被转换为一个二级列表，其中每个列表项是一个只有 2 个单元项的列表。例如，{" city ": " 安顺 ", " cityid ": "111", " citycode":"101260301"} 会被转换为二级列表 (("city "　" 安顺 ") ("cityid "　"111") ("citycode " "101260301"))。

④ 对象、数组两种结构被组合成复杂的 JSON 数据结构，相应地被转换为多级列表。

这样所有 JSON 数据都可以通过 App Inventor 中的列表组件提供的方法来处理了。

在“mycontent”中查找关键字“result”对应的值，并赋值给局部变量“myresult”，可以通过列表组件提供的“在键值对…中查找关键字…”方法来实现。需要 3 个输入值：关键字、键－值对列表以及找不到时的提示信息。再在“myresult”

中查找关键字“weather”，并通过合并文本的方式，显示在“监测数据显示标签”上。因为需要每行输出一个信息，所以可以用“\n”来换行。具体代码如图 8-14 所示。

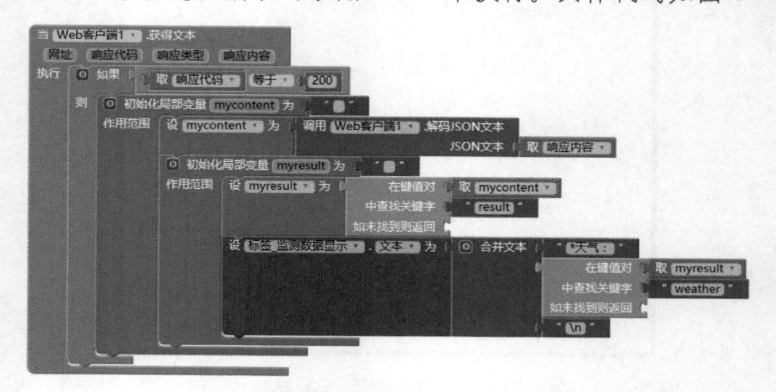

图 8-14　查找天气

（2）查找“temp”等

现在尝试获取气温。同样，在键 - 值对列表“myresult”中查找“temp”即可。因为比较短，所以直接合并文本，显示在标签中。

用同样的方法，依次取出相对湿度、气压、风速、风向、风级，如图 8-15 所示。

（3）查找“aqi”相关情况

现在要在标签中显示“当地时间”，发现“iso2”是键 - 值对列表“aqi”中的一项，而“aqi”又是键 - 值对列表“result”中的一项。所以，初始化局部变量“myaqi”为空文本，在“myresult”中查找“aqi”，并赋值给“myaqi”；然后在“myaqi”中查找“iso2”即可，如图 8-16 所示。

你能查找“二氧化氮指数、一氧化碳指数、臭氧指数、PM10 指数”等吗？

```
"result": {
  ……
  "aqi": {
    ...
    "iso2": "13",
    "ino2": "13",
    "ico": "7",
    "io3": "9",
    "ipm10": "35",
    "ipm2_5": "35",
    "primarypollutant": "PM10",
    "quality": " 优 ", },
}
```

小小创客记

1. 修正 bug

输入监测城市，点击“确定”按钮后，在手机中出现一大串“乱码”，如图 8-17 所示。程序哪里出错了？请简单描述。

当 Web客户端1 .获得文本
网址 响应代码 响应类型 响应内容
执行 如果 取 响应代码 等于 200
则 初始化局部变量 mycontent 为
作用范围 设 mycontent 为 调用 Web客户端1 解码JSON文本
JSON文本 取 响应内容
初始化局部变量 myresult 为
作用范围 设 myresult 为 在键值对 取 mycontent
中查找关键字 result
如未找到则返回
设 标签_监测数据显示 . 文本 为 合并文本 "天气："
在键值对 取 myresult
中查找关键字 weather
如未找到则返回
\n
"气温："
temp
"湿度："
humidity
"气压："
pressure
"风速："
windspeed
"风向："
winddirect
"风级："
windpower

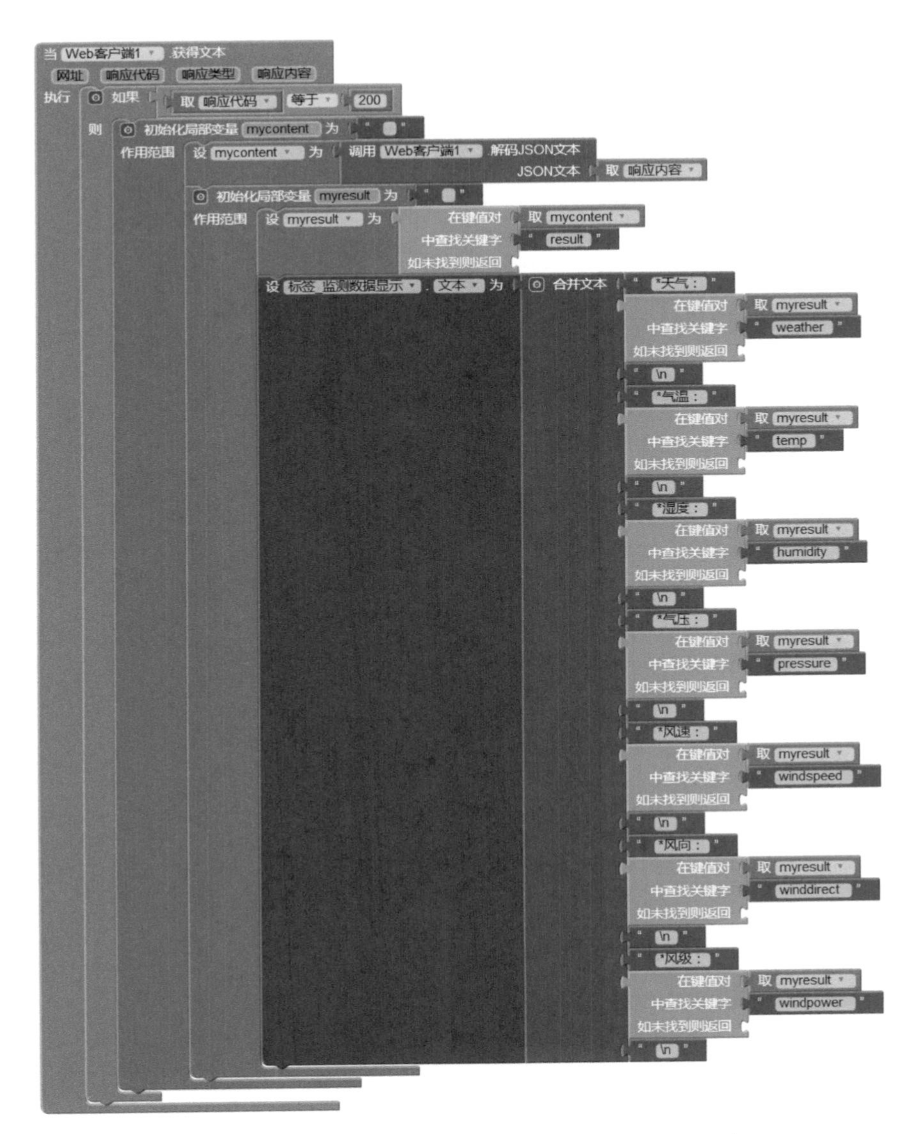

图 8-15　查找气温、湿度、气压、风速、风向、风级

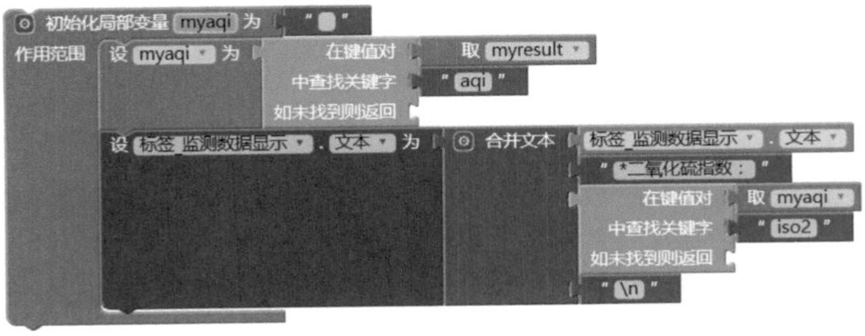

初始化局部变量 myaqi 为
作用范围 设 myaqi 为 在键值对 取 myresult
中查找关键字 aqi
如未找到则返回
设 标签_监测数据显示 . 文本 为 合并文本 标签_监测数据显示 . 文本
"二氧化硫指数："
在键值对 取 myaqi
中查找关键字 iso2
如未找到则返回
\n

图 8-16　查找二氧化硫指数

（错误程序AIA下载）

图 8-17　错误屏幕

2. 实践体验

动手实践“环境监测”APP的开发和调试运行过程。还能加入更多丰富的数据吗，如按小时看天气等？

你希望“环境监测”APP能监测哪些数据？

____

____

____

____

来设计你的手机屏幕吧！

3. 展示分享

邀请朋友或家人一起玩“环境监测”游戏，然后与他们一起讨论以下几个问题，并记录讨论的结果。

① 这个“环境监测”应用，你最得意的是什么？

② 你碰到了什么问题？为何会造成这种情况？你是如何解决的？

③ 通过学习，你收获了什么？

4. 拓展提高。

与同伴一起查找一个可用的 Web API，做出更有创意的应用。例如，利用“图书电商数据”API 制作“好书推荐”APP。

JSON 返回示例


```
{
  "status": "0",
  "msg": "ok",
  "result": {
   "city": " 安顺 ",
   "cityid": "111",
   "citycode": "101260301",
   "date": "2015-12-22",
   "week": " 星期二 ",
   "weather": " 多云 ",
   "temp": "16",                                    // 气温
   "temphigh": "18",                                // 最高气温
   "templow": "9",                                  // 最低气温
   "img": "1",                                      // 图片数字
   "humidity": "55",                                // 湿度
   "pressure": "879",                               // 气压
   "windspeed": "14.0",                             // 风速
   "winddirect": " 南风 ",                           // 风向
   "windpower": "2 级 ",                             // 风级
   "updatetime": "2015-12-22 15:37:03",             // 更新时间
   "index": [
     {
       "iname": " 空调指数 ",                         // 指数名称
       "ivalue": " 较少开启 ",                        // 指数值
       "detail": " 您将感到很舒适，一般不需要开启空调。"   // 指数详情
     },
     {
```

```
        "iname": " 运动指数 ",
        "ivalue": " 较适宜 ",
        "detail": " 天气较好，无雨水困扰，较适宜进行各种运动，但因气温较低，在户外运动请
注意增减衣物。"
      }
    ],
    "aqi": {
      "so2": "37",                                  // 二氧化硫 1 小时平均
      "so224": "43",                                // 二氧化硫 24 小时平均
      "no2": "24",                                  // 二氧化氮 1 小时平均
      "no224": "21",                                // 二氧化氮 24 小时平均
      "co": "0.647",                                // 一氧化碳 1 小时平均
      "co24": "0.675",                              // 一氧化碳 24 小时平均
      "o3": "26",                                   // 臭氧 1 小时平均
      "o38": "14",                                  // 臭氧 8 小时平均
      "o324": "30",                                 // 臭氧 24 小时平均
      "pm10": "30",                                 //PM10   1 小时平均
      "pm1024": "35",                               //PM10   24 小时平均
      "pm2_5": "23",                                //PM2.5 1 小时平均
      "pm2_524": "24",                              //PM2.5 24 小时平均
      "iso2": "13",                                 // 二氧化硫指数
      "ino2": "13",                                 // 二氧化氮指数
      "ico": "7",                                   // 一氧化碳指数
      "io3": "9",                                   // 臭氧指数
      "io38": "7",                                  // 臭氧 8 小时指数
      "ipm10": "35",                                //PM10 指数
      "ipm2_5": "35",                               //PM2.5 指数
      "aqi": "35",                                  //AQI 指灵敏
      "primarypollutant": "PM10",                   // 首要污染物
      "quality": " 优 ",                            // 空气质量指数类别
      "timepoint": "2015-12-09 16:00:00",           // 发布时间
      "aqiinfo": {                                  //AQI 指数信息
        "level": " 一级 ",                          // 等级
        "color": "#00e400",                         // 指数颜色值
        "affect": " 空气质量令人满意，基本无空气污染 ",  // 对健康的影响
        "measure": " 各类人群可正常活动 "           // 建议采取的措施
      }
    },
    "daily": [                                      // 按天时间
      {
        "date": "2015-12-22",
        "week": " 星期二 ",
        "sunrise": "07:39",                         // 日出时间
        "sunset": "18:09",                          // 日落时间
        "night": {                                  // 夜间
        "weather": " 多云 ",
        "templow": "9",
```

```
        "img": "1",
        "winddirect": " 无持续风向 ",
        "windpower": " 微风 "
       },
       "day": {                                           // 白天
        "weather": " 多云 ",
        "temphigh": "18",
        "img": "1",
        "winddirect": " 无持续风向 ",
        "windpower": " 微风 "
       }
     }
   ],
   "hourly": [                                            // 按小时
     {
       "time": "16:00",                                   // 时间
       "weather": " 多云 ",
       "temp": "14",
       "img": "1"
     },
     {
       "time": "17:00",
       "weather": " 多云 ",
       "temp": "13",
       "img": "1"
     }
   ]
  }
}
```

第 9 章

短信群发中转站

有“QQ 群”、“微信群”，那能不能有一个“短信群”呢？答案是肯定的！加入“短信群”的手机，只需将短信发送给“中转站”，便可以群发信息。拿起手机，用“短信群发中转站”APP，给亲朋好友送去一声轻轻的问候吧！

内容提要

- 使用短信收发器组件发送和处理收到的短消息。
- 使用微数据库组件和文件管理器组件持久化存储消息。

9.1 功能描述

在本应用中，需要一台安卓手机作为“中转站”，为群内人员提供短信群发服务（如图 9-1 所示）。其余手机需要发送短信“我申请加入”短信群至中转站，申请加入短信群组（如图 9-2 所示）。加入群组后，发送给中转站的短信，就会通过中转站群发给所有手机（如图 9-2 ～图 9-6 所示）。在本应用中，只需给作为“短信中转站”的手机安装应用，其余手机可以是任何手机，安卓的、非安卓的，甚至可以不是智能机。

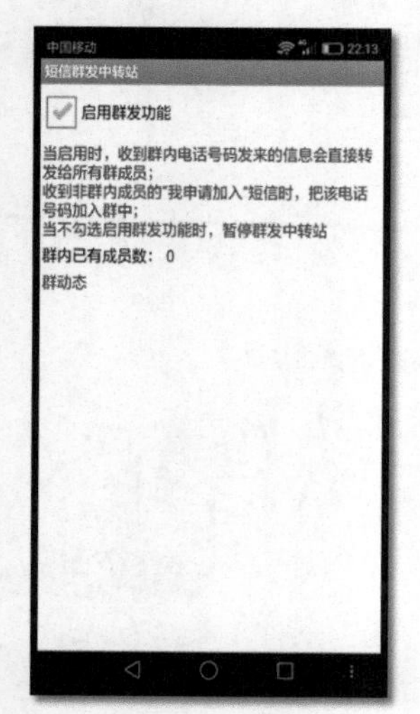

图 9-1 初始屏幕

图 9-2 成员申请加入

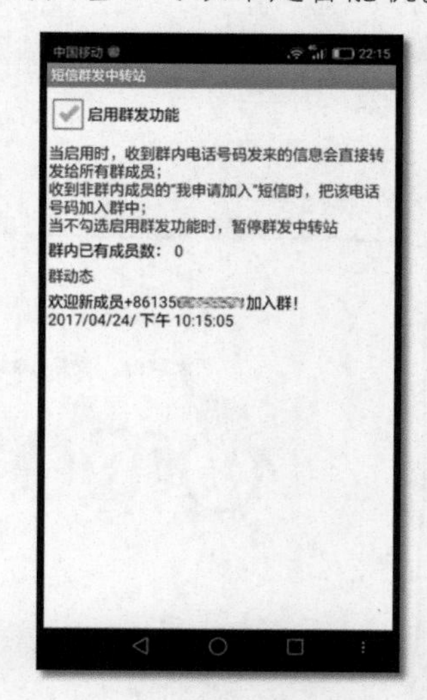

图 9-3 “新成员加入”群动态

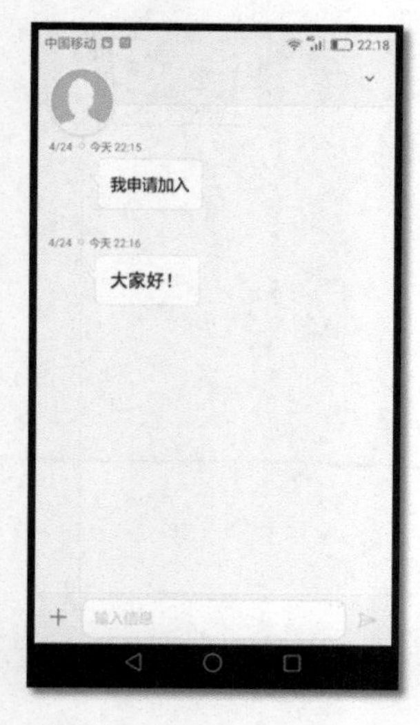

图 9-4 成员发送消息

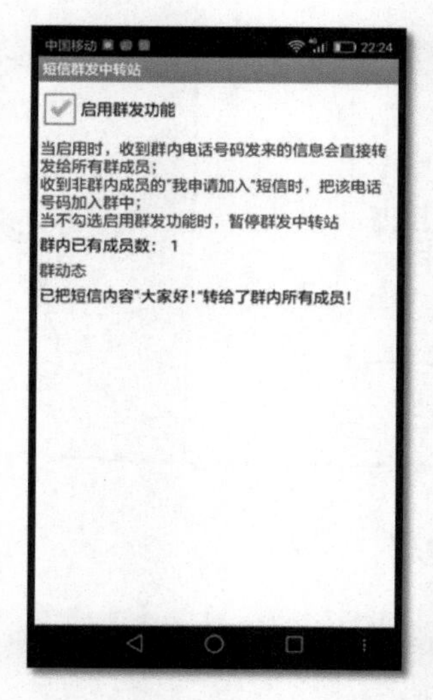

图 9-5 “群发消息”群动态

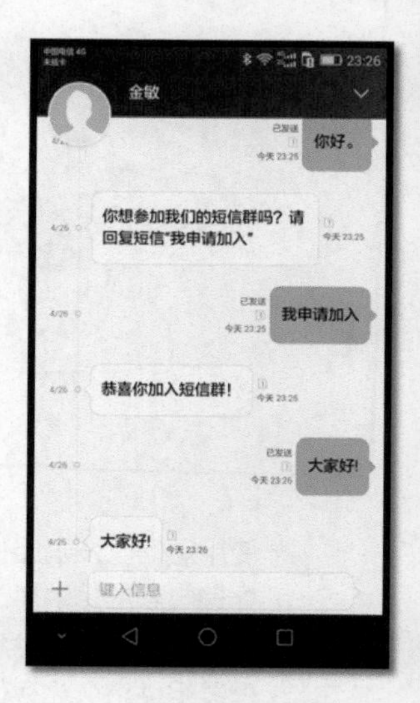

图 9-6 新成员短信截图

AIA ：源代码文件

APK ：安装包文件

视频：功能演示

9.2 组件设计

用自己的账号登录开发网站后，新建一个项目，命名为“MessageGroup”。把项目要用到的素材（图标 icon.png）上传到开发网站后，就可以开始设计用户屏幕了。按照图 9-7 添加所有需要的组件，按照表 9-1 设置所有组件的属性。

视频：组件设计

素材包：素材下载

图 9-7 “短信群中转站”组件设计

表 9-1 “短信群”组件属性设置

组　件	作　用	命　名	属　性	
Screen	应用默认屏幕，作为放置所需其他组件的容器	Screen1	图标：icon.png	标题：短信群中转站
复选框	选择是否启用群发功能	复选框 _ 启用群发功能	选中：勾选	文本：启用群发功能
标签	用于显示使用说明	标签 _ 使用说明	文本：使用说明	文本颜色：蓝色
水平布局	将组件按行排列	水平布局 1	背景颜色：透明	
标签	用于显示提示信息	标签 1	文本：群内已有成员数：	
标签	用于显示群成员数量	标签 _ 群成员数量	文本：无	
标签	用于显示提示信息	标签 2	文本：群动态	文本颜色：蓝色
标签	用于显示群动态	标签 _ 群动态	文本：无	
微数据库	保存电话号码列表	微数据库 1	默认	
短信收发器	处理短信息	短信收发器 1	默认	
计时器		计时器 1	默认	

小小创客记

短信收发器组件：发送短信的组件，有 4 个属性（如图 9-8 所示）。“短信”是要发送的短信内容，“电话号码”为被发送的目标电话号码。“启用消息接收”有 3 种选项——如果设为“前台接收”，那么在程序没有运行在前台时，短信将被忽略；如果设为“总是接收”，即使程序运行在后台时也能接收并处理短信；如果设置为“关闭接收”，就不会接收短消息。

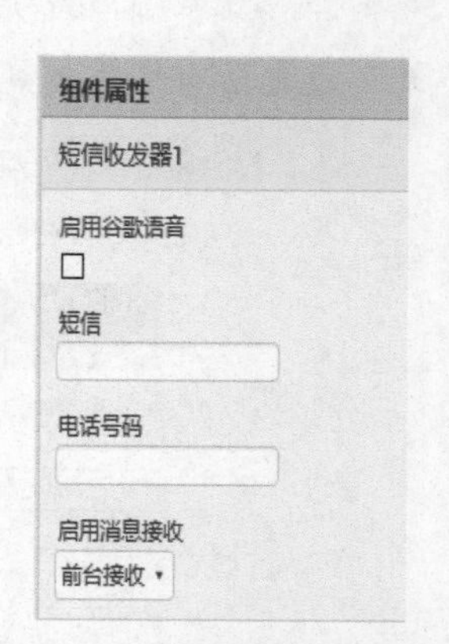

图 9-8　短信收发器组件属性

9.3　逻辑设计

视频：逻辑设计

1. 变量初始化

首先定义列表变量“手机号码清单”来保存群组的电话号码，初始为空列表。定义全局变量“数据库”，初始值为空文本，如图 9-9 所示。

图 9-9　初始化全局变量

2. 收到短信

流程图描述（如图 9-10 所示）如下：中转站收到短信，首先判断“群发功能”是

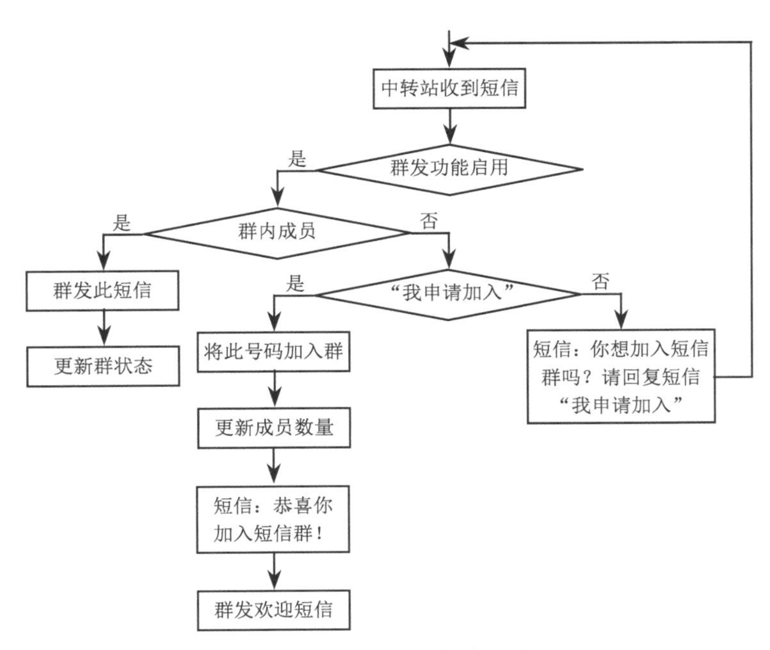

图 9-10 **收到短信流程图**

否启用，如果启用，判断是否为群内成员；如果是群内成员，则群发收到的短信，并更新群动态；如果不是群内成员，判断收到的短信是否是“我申请加入”；如果是，则将此号码加入群组，更新成员数，同时回复短信“恭喜你加入短信群！”，群发短信“欢迎新成员加入”；如果不是，则回复短信，“你想加入短信群吗？请回复短信‘我申请加入’”。

监测到有新的短信接收到时，会激发“收到消息”事件。发送者的手机号码保存在参数“数值”中，短信内容保存在参数“消息内容”中，如图 9-11 所示。通过检查列表“手机号码清单”中是否含有“数值”，可以判断是否为群内成员，如图 9-12 所示。

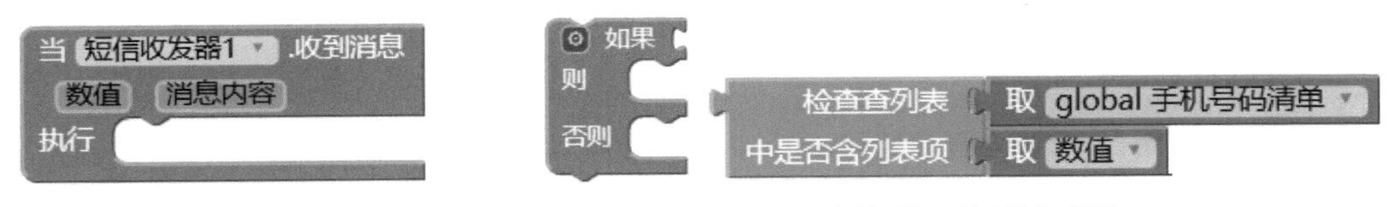

图 9-11 **收到消息事件**　　　图 9-12 **判断是否为群内成员**

如果是群内成员，则群发“消息内容”。群发操作可以用“循环取列表”模块遍历“手机号码清单”列表中的每一项，并把短信发送给列表中的每个电话号码，如图 9-13 所示。在“循环取列表”执行循环时，“手机号码清单”中的每个电话号码依次被保存在“列表项”中。“群动态”可以用标签并通过合并文本的方式显示，如图 9-14 所示，其中“\n”表示换行。

图 9-13　群发已收到短信

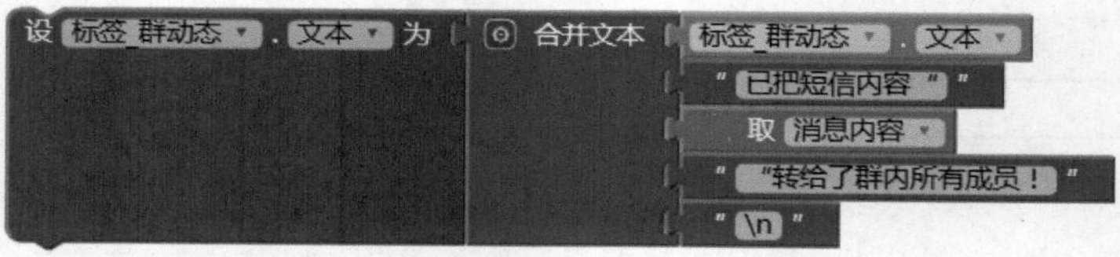

图 9-14　“群动态”模块

如果不是群内成员，但是收到的短信是“我申请加入”，就把手机号码添加到“手机号码清单”中，并设置短信收到器的短信为“恭喜你加入短信群！”，同时更新群动态；否则设置短信为“你想参加我们的短信群吗？请回复短信“我申请加入”，最后设置电话号码即为“数值”，发送短信，如图 9-15 所示。

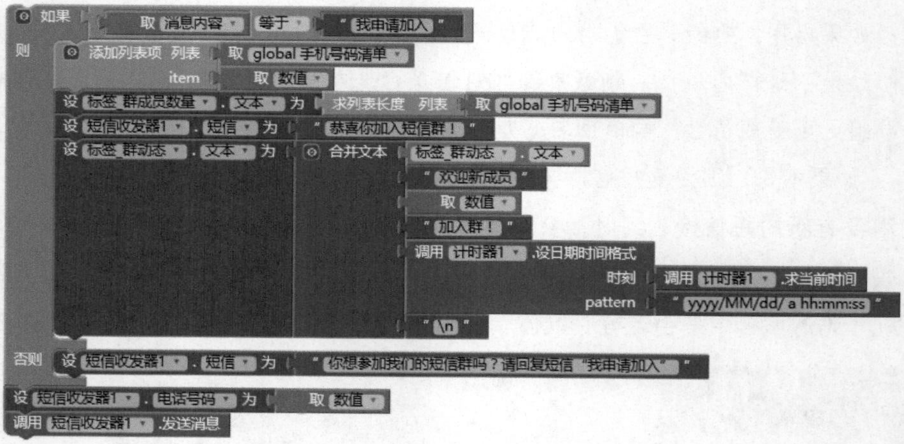

图 9-15　“申请加入”处理模块

小小创客记

微数据库组件

现在，应用是大功告成了，可是应用中还有一个严重的问题：如果管理员将应用关闭再重新启动，“手机号码清单”中的数据将丢失，每个人都得重新注册。你有什么办法可以解决这个问题？

App Inventor 创建的应用，在每次运行时都会进行初始化，如果应用中改变了变量的值，退出应用再重新运行时，那些被改变的变量值将不复存在。微数据库则为应用提供了一种永久的数据存储方式，即每次应用启动时可以再读取那些保存过的数据。本应用可以使用“微数据库”组件实现“手机号码清单”列表在数据库中的存储和检索的目的，如图 9-16 所示。

图 9-16　微数据库保存数值

微数据库组件是一个基于 NVP（即标签 - 值对）的数据存储方式，不需了解本地存储的技术细节，利用“标签”就可以在数据库中存储和读取数据。当每次在“手机列表清单”添加新项时，将列表保存到数据库中；当应用启动时，从数据库中加载列表，并保存到一个变量中。完整代码如图 9-17 所示。

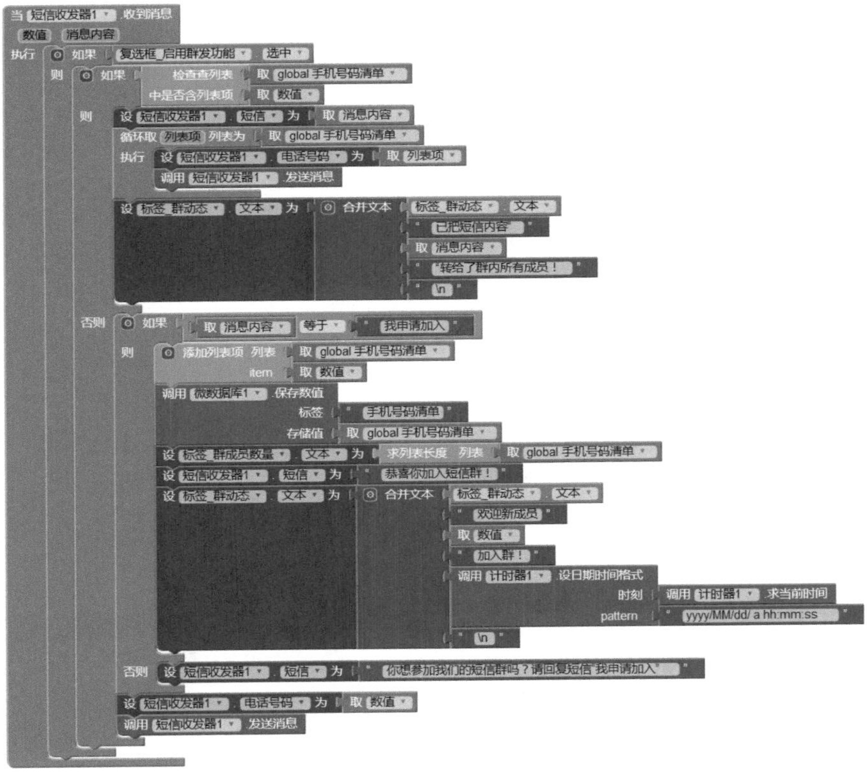

图 9-17　收到短信完整模块

3. 屏幕初始化

当屏幕初始化时，调用微数据库去读取标签为“手机号码清单”的列表，判断它是否不为空，如果不为空，则将数据库的值赋给“手机号码清单”，同时显示使用说明（如图 9-18 所示）：

图 9-18　初始化模块

"当启用时，收到群内电话号码发来的信息会直接转发给所有群成员；
收到非群内成员的"我申请加入"短信时，把该电话号码加入群中；
当不勾选启用群发功能时，暂停群发中转站。"

小小创客记

1. 实践体验

自己动手实践一遍，感受整个过程。是否可以给应用扩展更多的功能？例如，显示群组成员的手机号码；记录显示群发短信情况；允许列表成员退出群组；指定某些不允许加入列表的手机号；让任何人都可以加入到群组并接收短信，但只有群主可以群发消息等。

你希望"短信群"APP 有怎样的功能？

____

____

____

来设计你的手机屏幕吧！

2. 展示分享

邀请朋友一起玩"短信群"游戏，然后与他们一起讨论以下问题，并记录讨论的结果。

① 这个"短信群"应用，你最得意的是什么？

② 你碰到了什么问题？为何会造成这种情况？你是如何解决的？

③ 通过学习，你收获了什么？

3. 智力问答

什么场景需要数据的持久化存储？

第 10 章

兴趣点地图

“兴趣点”是地理信息系统中的一个术语，泛指一切可以抽象为点的地理对象。“兴趣点地图”便可以帮助记录对事物或事件的地址，它能在很大程度上增强对事物或事件位置的描述能力和查询能力。

内容提要

- 使用传感器来制作指南针。
- 使用 Activity 启动器组件来调用地图。
- 使用列表实现复杂数据结构。
- 使用网络微数据库组件存储和访问远端数据。

10.1 功能描述

这款 APP 可以记录和共享“兴趣点”。应用（如图 10-1 所示）提供了指南针的功能。为了保证指南针的精确显示，最好让设备水平摆放。在移动的过程中会显示经纬度和地址（如图 10-2 所示）。到达你的兴趣点时，可以选择“保存为兴趣点”，并输入兴趣点的名称（如图 10-3 所示）。在“兴趣点列表”（如图 10-4 所示）中选择一项并点击“查看地图”，可以调用地图 APP（如图 10-5 和图 10-6 所示）。注意，本应用在使用时需要打开移动网络和 GPS，由于要调用其他软件所提供的功能，因此需要预先安装一个被调用的地图 APP，如百度地图、腾讯地图等。

图 10-1　初始屏幕

图 10-2　显示指南针和地理位置信息

图 10-3　保存兴趣点

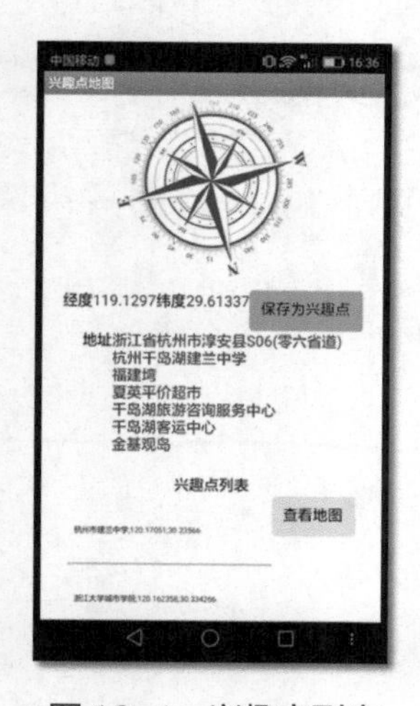

图 10-4　兴趣点列表

图 10-5　查看地图

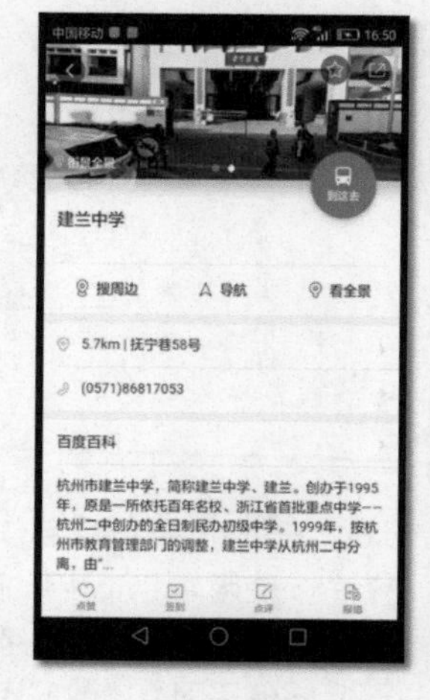

图 10-6　地图详情

AIA ：源代码文件

APK ：安装包文件

视频：功能演示

10.2　组件设计

视频：组件设计

用自己的账号登录开发网站后，新建一个项目，命名为“POIMap”。把项目要用到的素材（图标 icon.jpg、指南针 campass.png）上传到开发网站后，就可以开始设计用户屏幕了。按照图 10-7 添加所有需要的组件，按照表 10-1 设置所有组件的属性。

素材包：素材下载

图 10-7　“兴趣点地图”组件设计

表 10-1 “兴趣点地图”组件属性设置

组 件	作 用	命 名	属 性
Screen	应用默认屏幕，作为放置所需其他组件的容器	Screen1	水平对齐：居中 图标：icon.JPG 屏幕方向：锁定竖屏 标题：兴趣点地图 允许滚动：勾选
水平布局	将组件按行排列	水平布局 1	水平对齐：居中 背景颜色：透明 宽度：充满
标签	提示方向	标签 _ 方向	文本颜色：黑色 文本：方向值
标签	显示方位角值	标签 _ 方位角	文本颜色：红色 文本：未知
画布	指南针图像的容器	画布 1	背景颜色：透明 高度：200 像素 宽度：充满
图像精灵	显示指南针图像	图像精灵 _ 指南针	高度：180 像素 宽度：180 像素 图片：Campass.png
水平布局	将组件按行排列	水平布局 2	背景颜色：透明
标签	提示经度	标签 2	文本颜色：黑色 文本：经度
标签	显示经度值	标签 _ 经度	文本颜色：蓝色 文本：未知
标签	提示纬度	标签 3	文本颜色：黑色 文本：纬度
标签	显示纬度值	标签 _ 纬度	文本颜色：蓝色 文本：未知
按钮	响应用户点击事件（保存兴趣点）	按钮 _ 保存兴趣点	背景颜色：绿色 形状：圆角 文本：保存为兴趣点
水平布局	将组件按行排列	水平布局 3	背景颜色：透明
标签	提示地址	标签 5	文本：地址 文本颜色：黑色
标签	提示地址值	标签 _ 地址	文本：正在获取位置信息 ... 文本颜色：蓝色
标签	提示兴趣点列表	标签 6	文本：兴趣点列表 文本颜色：黑色
水平布局	将组件按行排列	水平布局 4	高度：200 像素
列表显示框	显示兴趣点列表	列表显示框 _ 兴趣点	背景颜色：白色 文本颜色：黑色 高度：充满 宽度：60%
按钮	响应用户点击事件(查看地图)	按钮 _ 查看地图	背景颜色：黄色 形状：圆角 文本：查看地图
方向传感器	接收方向改变信息	方向传感器 1	默认
位置传感器	接收位置改变信息	位置传感器 1	默认
对话框	产生保存兴趣点的提示信息	对话框 1	默认
activity 启动器	启动其他 App	activity 启动器 1	Action：android.intent.action.VIEW
网络微数据库	存储和访问远程网络数据	网络微数据库 1	http://tinywebdb.gzjkw.net/db.php?user= 你创建时填写的用户名 &pw= 你创建时填写的密码 &v=1

10.3 逻辑设计

视频：逻辑设计

1. 实现指南针的功能

指南针的实现主要依赖两个组件：方向传感器和图像精灵。方向传感器可以提供手机相对于地球的方位数据，包括旋转角、倾斜角、方位角等，指南针的实现主要依赖方位角的值。手机水平放置，手机绕着与屏幕垂直的中心线转过的角度就是方位角的值。0°表示手机头部朝正北，随着顺时针旋转值增大，90°表示朝向正东，180°表示正南，270°表示正西，如图 10-8 所示。

正北0°
西北
东北
正西270°
正东90°
西南
东南
正南180°
N
E
S
W

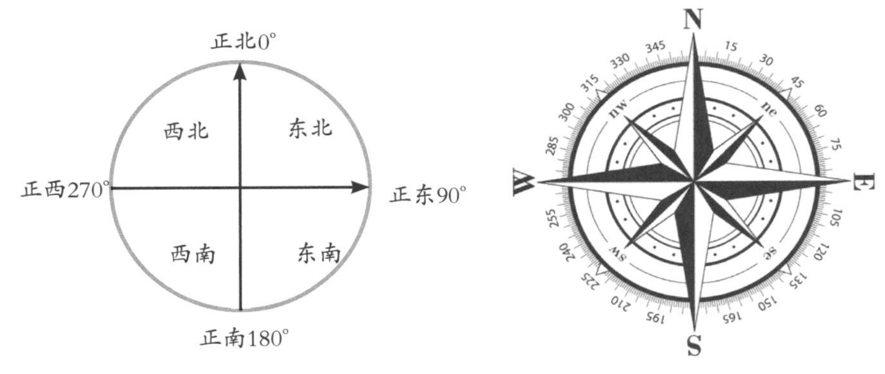

图 10-8　不同方向对应的方位角值

实现指南针随方向旋转的效果其实是根据方位角的值，动态调整指南针图像精灵旋转的角度，可以通过设置图像精灵的“方向”属性来实现，如图 10-9 所示。

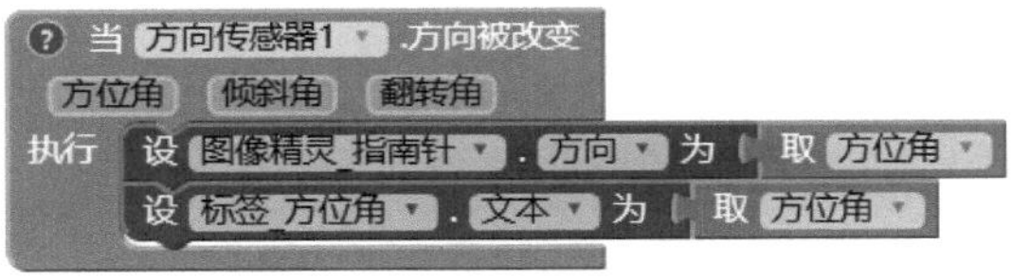

当 方向传感器1 .方向被改变
方位角 倾斜角 翻转角
执行 设 图像精灵_指南针 . 方向 为 取 方位角
设 标签_方位角 . 文本 为 取 方位角

图 10-9　指南针的实现

2. 获取地理位置信息

APP 屏幕中显示了经纬度等信息，还有具体的地址信息。这些信息都是通过位置传感器获取的。位置传感器是提供位置信息的非可视组件，提供的信息包括：纬度、经度、高度（如果设备支持）及街区地址，也可以实现“地理编码”，即将地址信息转换为纬度（用由地址求纬度方法）和经度（用由地址求经度方法），如图 10-10 所示。

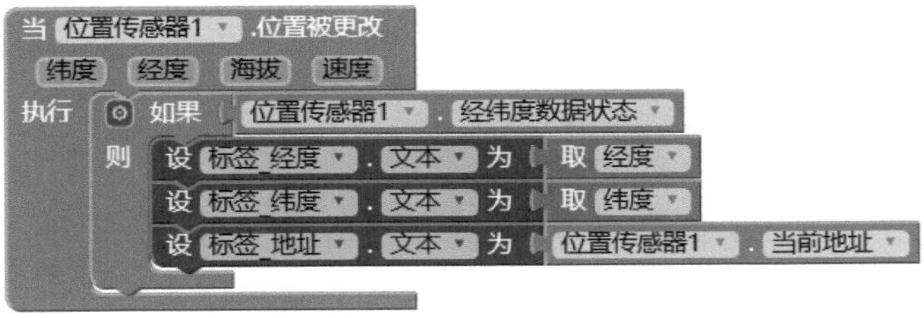

当 位置传感器1 .位置被更改
纬度 经度 海拔 速度
执行 如果 位置传感器1 . 经纬度数据状态
则 设 标签_经度 . 文本 为 取 经度
设 标签_纬度 . 文本 为 取 纬度
设 标签_地址 . 文本 为 位置传感器1 . 当前地址

图 10-10　显示当前地理位置信息

要正确获取地理位置信息，组件的启用属性值必须为真，而且需要开启设备的位置信息访问权限，手机会自动通过 GPS、基站或 Wi-Fi 自动定位。

小小创客记

如果手机的定位服务刚启动，一般定位当前位置需要花费几分钟时间。如果 APP 此时请求经度、纬度、当前地址或者其他任何位置数据，App Inventor 只会报告 Unavailable（不可用）。建议通过“经纬度数据状态”属性来检查位置传感器是否已经定位到了当前位置，可以避免产生此消息。

3. 保存兴趣点

利用“显示文本对话框”方法可以获取用户输入的“兴趣点名称”，如图 10-11 所示。“显示文本对话框”有 3 个参数，分别是消息、标题和是否允许撤销。当“保存”按钮被点击时，调用显示文本对话框，APP 将弹出一个带输入的对话框。

图 10-11 通过对话框实现用户输入兴趣点名称

输入完成后，便将“兴趣点名称”、“经度”、“纬度”插入到“兴趣点列表”中的第一项；然后调用网络微数据库的“保存数值”过程即可，如图 10-12 所示。

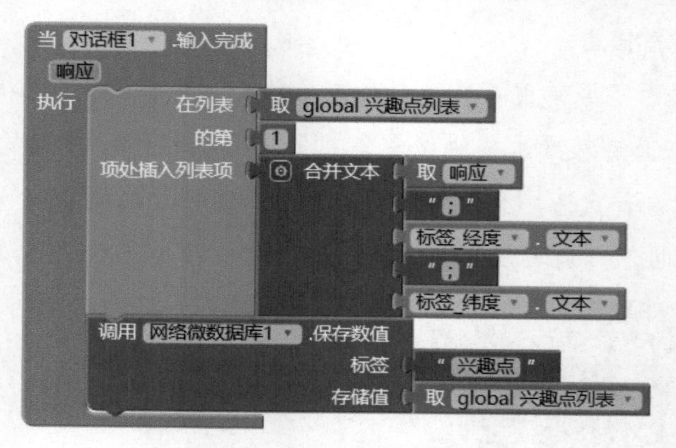

图 10-12 对话框输入完成

网络微数据库组件存放数据的模式和微数据库组件一样，也是采用“键－值对”的模式（即标签－值对）。但数据存放于远程网络，存取都需要时间，因此网络微数据库的存取设置为异步模式。数值存储完成时会触发“数值存储完毕”事件，其中显示一个通知信息，增加用户友好性，如图 10-13 所示。

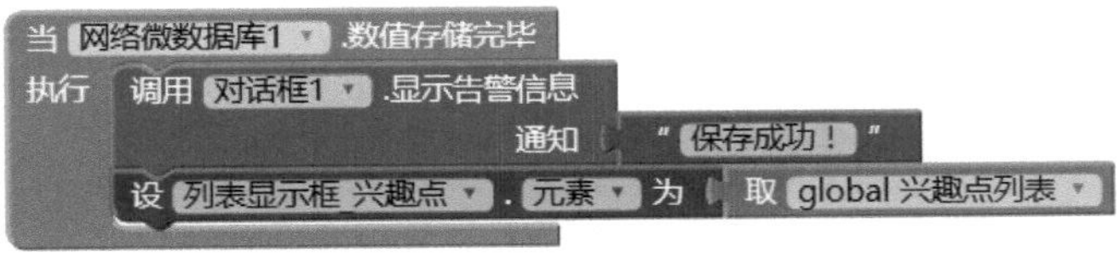

当 网络微数据库1 .数值存储完毕
执行 调用 对话框1 .显示告警信息
通知 “保存成功！”
设 列表显示框_兴趣点 . 元素 为 取 global 兴趣点列表

图 10-13 存储完毕反馈信息

一个好的习惯是为软件加上一些异常处理代码模块，比如服务器不能访问时需要给出相应的提示。图 10-14 是发生 Web 服务故障时显示的告警信息。

当 网络微数据库1 .发生Web服务故障
消息
执行 调用 对话框1 .显示告警信息
通知 “网络服务不可用，保存失败！”

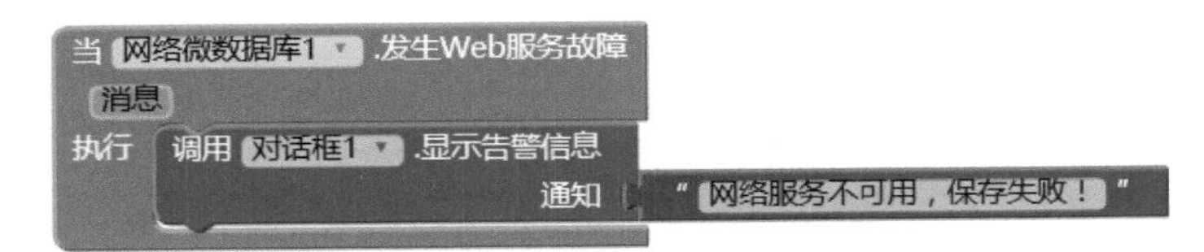

图 10-14 异常处理

小小创客记

网络微数据库组件和服务

通过网络微数据库组件能存取网络远端服务器上的数据，这样用户想存取的数据就不局限于本地手机上了，也为数据的多用户共享提供了基础。使用网络微数据库并不复杂，但由于网络访问限制问题，在 App Inventor 中，网络微数据库组件默认访问的服务地址 http://appinvtinywebdb.appspot.com 在国内并不可用，因此无法正常实现数据的网络访存功能。本例用到的服务地址是 http://tinywebdb.gzjkw.net/，这是广州市教育信息中心搭建的网络数据访存服务（如图 10-15 所示）。一般开发者不需要自己搭建一个网络数据访存服务，只需在组件设计阶段，把网络微数据库组件的服务地址属性重设即可。

4. 屏幕初始化

屏幕初始化时调用网络微数据库组件的“获取数值”过程，通过标签参数拼接的值去远程网络读取该标签所对应的数值。调用该过程后，网络微数据库组件会监测是否获取了数值。一旦获取到，就进入“获取数值”事件处理器，将返回的网络数据库数值赋给兴趣点列表，同时在列表显示框中显示出来。具体代码模块如图 10-16 所示。

注意：网络数据库获取某个标签对应存储的值时，如果标签不存在，则返回“ ”，如果把该值当成列表，则是包含列表项“ ”的列表，列表长度为 1。这与空列表不同，空列表不包含任何列表项，列表长度为 0。因此，需要先判断列表中是否有“ ”，如有，则创建空列表，以防出现空行。

图 10-15　广州市教育信息中心搭建的网络数据访存服务

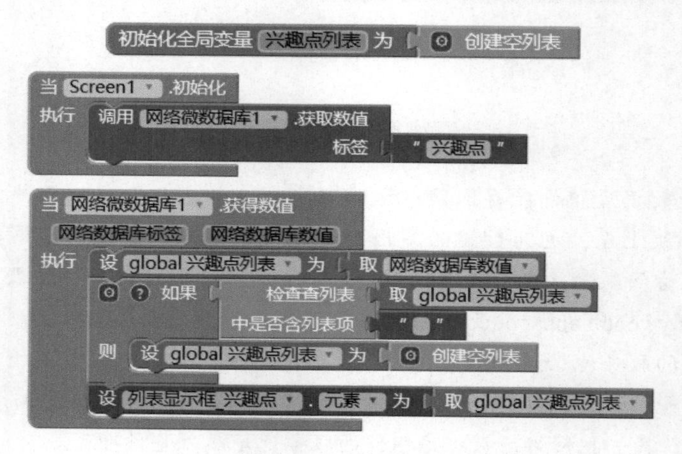

图 10-16　初始化

小小创客记

网络微数据库的安全性

在 App Inventor 中，网络微数据库虽然使用起来非常便捷，但它是不够安全的。很多网络数据库服务器不需密码就可以访问，所以不管是谁建立的数据服务，只要别人知道了服务地址，就能被访问。

也是出于安全性的考虑，网络微数据库组件并没有像微数据库组件那样提供“清除数据”、“获取标签”的方法，所以一旦把某个标签写入了网络微数据库，你就不能删掉了。如果真的不想要该标签，只能把标签对应的存储值修改为无意义的值。当然，如果忘记了自己写过哪些标签，也就没办法再获取回来了。

对于安全要求较高的 APP，数据应该存放在手机内，通过微数据库组件进行存取。其他人无法访问到你的手机中存放的数据，所以相对安全性更高。

5. 查看地图

在列表显示框中选择某个兴趣点，可以查看地图，使用 Activity 启动器组件调用已经安装在手机中的地图 APP，从而通过经纬度来定位该兴趣点，如图 10-17 所示。

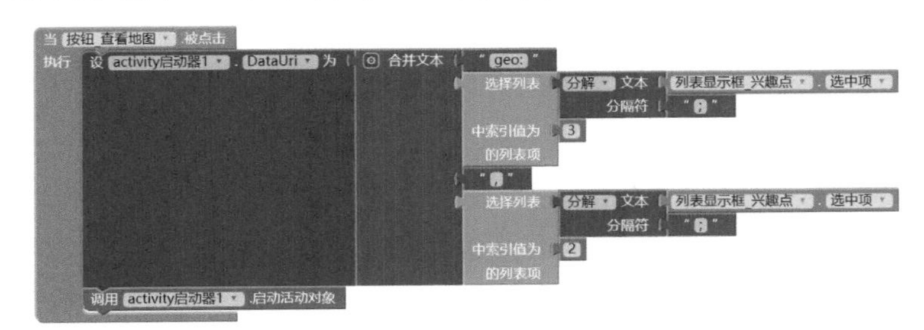

图 10-17　通过 Activity 启动器访问地图 APP

小小创客记

使用地图 APP

使用地图 APP 要激活 Android 手机上的另一个 APP，当前 APP 必须向 Android 操作系统发出一个特别的信号，这个信号被称为 Intent（意图）。Intent 是一个处理某事的请求。操作系统将该信息传给知道如何处理它的 APP。

大多数 Android 手机会预装某个地图 APP，如 Google 地图、百度地图、腾讯地图等，与具体的手机品牌有关。当 Android 操作系统收到带有地理数据的 Intent 时，就会激活能处理这些地理数据的 APP，通常是地图类 APP。如果手机上能够处理地理数据的 APP 只有一个，就会直接启动激活该 APP。如果手机上已经安装了多个相关的 APP，那么系统会询问用户想选择哪个 APP 来处理，如百度地图 APP 和高德地图 APP。

在 App Inventor 中，为了生成 Intent 信号，需要通过 Activity 启动器组件来实现。Activity 启动器有两个主要属性：Action 和 DataUri。本项目在设计阶段已经将 Action 属性设置为 android.intent.action.VIEW，也就是将 Intent 的动作指定为 View 动作。这意味着无论将什么样的数据传给 ataUri，都能在适当的 APP 中查看它。本项目赋给 DataUri 的是用户选中的某个兴趣点的地理信息，数据模式是“geo:lat,long”。“geo”标签标明这是一个地理信息，还支持另外 3 种数据模式（见表 10-2，其中列出了所有数据模式及代码示例）。

“lat”是纬度，“long”是经度。

小小创客记

1. 实践体验

动手实践“兴趣点地图”APP 的开发和调试运行过程。

表 10-2　向地图 APP 传递位置数据的 4 种方法

数据模式	描　述	代码示例
geo:0,0?q=address	展示给定街道地址的位置	geo:0,0?q= 杭州市建兰中学
geo:lat,long	展示给定纬度和经度的地图	geo: 30.23566, 120.17051
geo:lat,long?z=zoom	与前一项类似，但指定了某个缩放级别。缩放级别 1 展示整个地球，最清晰的缩放级别是 23	geo: 30.23566, 120.17051?z=16
geo:0,0?q=lat,long(label)	展示给定的纬度和经度，并在该点上添加一个文本标签	geo:0,0?q=30.23566, 120.17051（杭州市建兰中学）

2. 展示分享

邀请朋友或家人一起玩“兴趣点地图”游戏，然后与他们一起讨论以下几个问题，并记录讨论的结果。

① 这个“兴趣点地图”应用，你最得意的是什么？

② 你碰到了什么问题？怎么会造成这种情况？你是如何解决的？

③ 通过学习，你收获了什么？

3. 拓展提高

设计和开发一个“网络游戏排行榜”APP，每次可以输入表示得分的整数和玩家的姓名，确定后能存放在网络数据库中，并能显示分数排行榜（最高的 5 项，不足 5 项全部显示）。

你希望“网络游戏排行榜”有怎样的功能？

____

____

____

____

来设计你的手机屏幕吧！

第 11 章

小伢儿上学去（课表）

你有曾经因为忘带课本、作业或美术课忘带画笔而被老师责骂吗？不少同学的回答一定是肯定的。粗心大意是我们常有的小毛病，虽然不是什么大问题，但总会影响我们的心情。问题的根本是因为我们对课表或者对于这门课要带什么书或什么工具不清楚，导致丢三落四，因此，有必要开发一款辅助工具来解决上述问题。着手设计一款专为我们中小学生制作的课程表应用，来帮助大家改变这一情况。

☞ **创作过程**

2015 年 9 月上旬：接触 App Inventor 2，熟悉软件，完成一些小案例。

2015 年 9 月下旬：朱子墨，王耀晶同学组队，李瑶老师指导，构思 APP。

2015 年 10 月上旬：利用十一长假集中制作，搭建 APP 框架，突破技术难点。

2015 年 10 月中旬：美观屏幕，调试 Bug，完善应用。

2015 年 10 月 15 日：报名参加 Google 2015 App Inventor 应用开发全国中学生挑战赛。

2015 年 10 月底：入围初中组总决赛。

2015 年 11 月 15 日：赴上海 Google 中国总部答辩。

☞ **获奖经历**

奖项：2015 年 App Inventor 应用开发全国中学生挑战赛总决赛初中组一等奖

AIA ：源代码文件

APK ：安装包文件

视频：功能演示

11.1 作品介绍

1. 软件功能描述

本案例是在传统课程表的基础上开发的学习工具，由 3 个主屏幕组成："课表"、"明日"和"设置"，如图 11-1 所示。其功能主要包括：首先，可以编辑和查看周一至周五的全部课程，提醒明天的课与每门课要带的课本，周五和周末提醒的是周一的课程；其次，可以随时查看历史上明天发生的大事，了解历史大事；再次，可以添加新的课程，以便编辑课表。

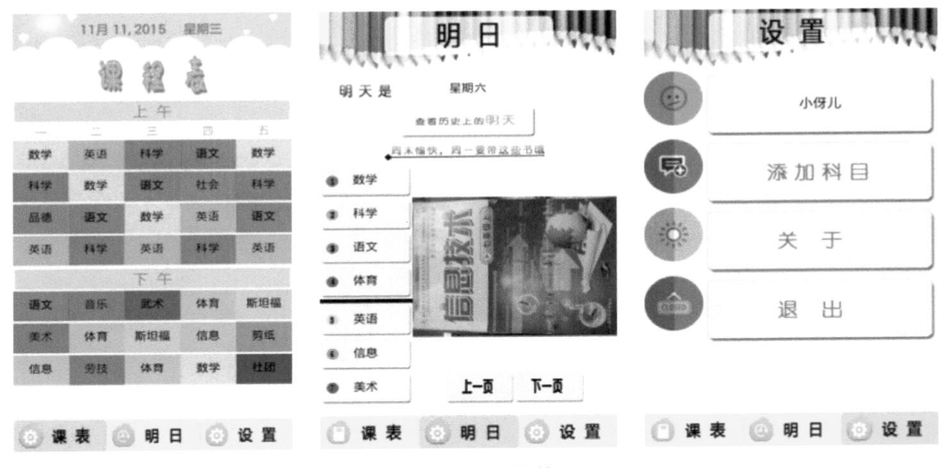

图 11-1 屏幕

2. 软件功能实现

本案例设计了 7 个场景（Screen），分别为（如图 11-2 所示）：“进入屏幕”（Screen1）、“显示课程表的主屏幕”（main）、长按课程表中某一节进入的“课程编辑屏幕”（edit_curriculum）、“显示明日课表信息及历史上明天的屏幕”（tomorrow）、“基本信息设置屏幕”（settings）、从“settings”屏幕可以打开“添加新课程的屏幕”（add_curriculum）和“软件介绍的屏幕”（about）。“main”、“tomorrow”和“settings”3 个屏幕的底端都设置了相应按钮，方便切换屏幕。

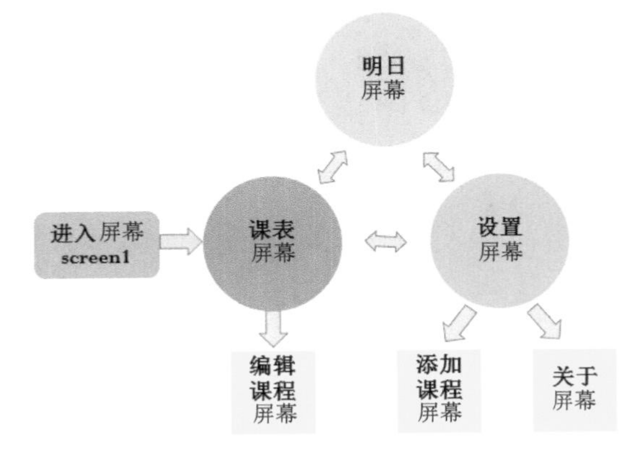

图 11-2 总体框架

3. 思维导图

本案例的思维导图如图 11-3 所示。

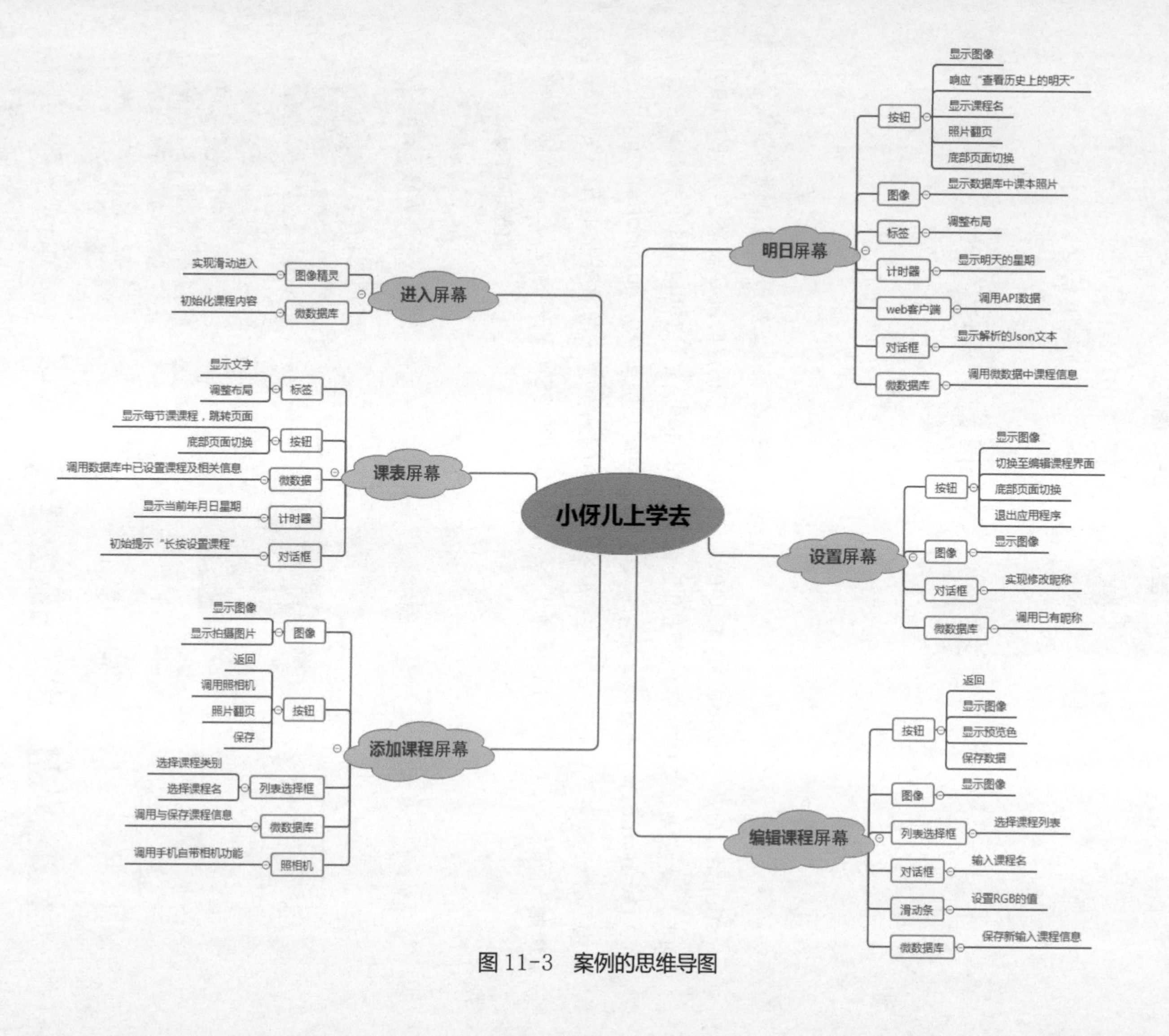

图 11-3　案例的思维导图

11.2 屏幕 Screen1 的组件设计

屏幕 Screen1 的组件设计如图 11-4 所示。首先，需要准备一张进入时的初始背景图。为了实现滑动进入主屏幕的效果，需要一个画布组件，再在画布组件中拖入一个图像精灵。将图像精灵的图片设置为事先准备好的背景图即可。再放入一个非可视化组件微数据库，用于初始时存入应用程序自带的课程分类、分类下的课程名及课程的背景显示颜色。

图 11-4　屏幕 Screen1 的组件设计

小小创客记

手机应用的初始屏幕尽量制作得精美，吸引眼球。发挥你的创意，利用 Photoshop 尝试完成一张符合 APP 主题的背景图片。手机的显示屏幕都不一样，设置多大的图片才能正常显示呢？本案例的背景图片为 600×900 像素，并且图像精灵的宽度和高度均设置为“充满”。

11.3 屏幕 Screen1 的逻辑设计

1. 实现滑动进入功能

实现手指在当前屏幕上划动跳转到下一个屏幕，需要响应图像精灵的“被划动”

事件。首先拖出“当图像精灵被划动”事件模块，然后调用关闭“Screen1”过程，打开“main”屏幕。具体代码如图 11-5 所示。

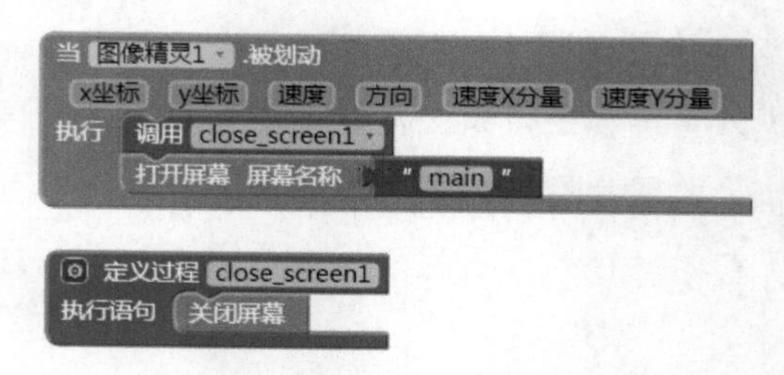

图 11-5 被划动事件

2. 实现初始化存入自带数据功能

除了实现划动进入的效果外，初始屏幕还肩负着初始化各数据的职责，如应用程序自带的课程分类、各分类下的具体课程名称以及课程的背景显示颜色。微数据库存储如表 11-1 所示。具体代码如图 11-6 所示。

表 11-1 微数据库存储信息

编 号	标 签	存储值	编 号	标 签	存储值
1	category	理科、文科、兴趣	7	数学 _B	71
2	理科	数学、科学	…	……	……
3	文科	语文、英语、社会、品德	32	劳技 _R	203
4	兴趣	音乐、美术、信息、劳技	33	劳技 _G	99
5	数学 _R	249	34	劳技 _B	242
6	数学 _G	75	—	—	—

小小创客记

如此设置 Screen1 的初始化，每次进入时都需要重新存入数值，其实没有这个必要，只需做一次存入数据库。请你想一想，如何修改代码来实现呢？提示：先判断数据库里的存储值是否为空即可。

11.4 main 屏幕的组件设计

划动进入后的主屏幕设计如图 11-7 所示，布局相对复杂，组件数量多，除了标签、按钮，还添加了 3 个非可视化的组件：计时器、对话框和微数据库。其组件的属性设置如表 11-2 所示。

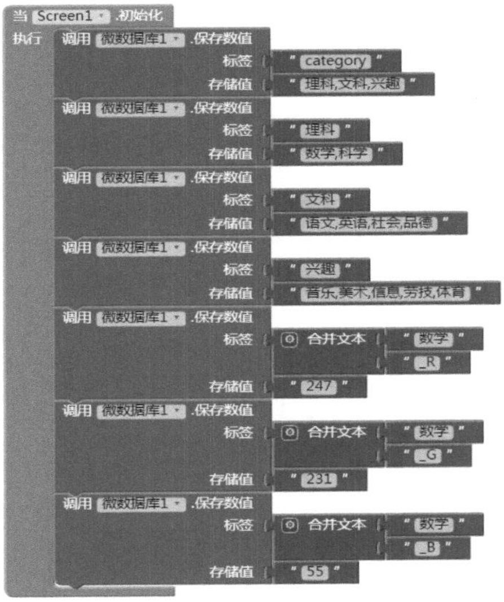

图 11-6　微数据库

图 11-7　main 屏幕的组件设计

表 11-2　main 屏幕的组件属性设置

组件名称	作　用	命　名	属　性
垂直布局	整体布局	垂直布局 1	宽度：充满　高度：充满 水平对齐：居中　垂直对齐：居上
按钮	显示图片 & 时间	date	宽度：充满　像：date_banner.jpg
按钮	显示图片	Kechengbiao	宽度：充满　图像：titlekcb.jpg

续表

组件名称		作　用	命　名	属　性
标签		显示文字：上午	标签 7	背景颜色：灰色 字体：19 宽度：充满 文本：上午
水平布局 1	标签	在水平布局中放入 5 个标签，显示一至五	标签 1	宽度：充满 文本：一
	标签		标签 2	宽度：充满 文本：二
	标签		标签 3	宽度：充满 文本：三
	标签		标签 4	宽度：充满 文本：四
	标签		标签 5	宽度：充满 文本：五
水平布局 2	按钮	显示周一至周五第一节的课程名称及底色	mon1	宽度：充满
	按钮		tue1	宽度：充满
	按钮		wed1	宽度：充满
	按钮		thu1	宽度：充满
	按钮		fri1	宽度：充满
水平布局 3	含 5 个按钮	显示周一至周五第二节的课程名称及底色	按钮命名：mon2、tue2、wed2、thu2、fri2	均宽度：充满
水平布局 4	含 5 个按钮	显示周一至周五第三节的课程名称及底色	按钮命名：mon3、tue3、wed3、thu3、fri3	均宽度：充满
水平布局 5	含 5 个按钮	显示周一至周五第四节的课程名称及底色	按钮命名：mon4、tue4、wed4、thu4、fri4	均宽度：充满
标签		显示文字：下午	标签 6	背景颜色：灰色 字体：19 宽度：充满 文本：下午
水平布局 6	含 5 个按钮	显示周一至周五第五节的课程名称及底色	按钮命名：mon5、tue5、wed5、thu5、fri5	均宽度：充满
水平布局 7	含 5 个按钮	显示周一至周五第六节的课程名称及底色	按钮命名：mon6、tue6、wed6、thu6、fri6	均宽度：充满
水平布局 8	含 5 个按钮	显示周一至周五第七节的课程名称及底色	按钮命名：mon7、tue7、wed7、thu7、fri7	均宽度：充满
垂直布局		辅助调整格局	垂直布局 2	高度：充满
水平布局 9	含 3 个按钮	显示“课表”按钮图像	btn_schedule	图像：kb_button_selected.png
		显示“明日”按钮图像，实现切屏功能	btn_tomorrow	图像：tomorrow_button.jpg
		显示“设置”按钮图像，实现切屏功能	btn_settings	图像：settings_button.jpg

11.5 main 屏幕的逻辑设计

1. 实现长按打开“edit_curriculum”屏幕并传值的功能

长按“mon1”～“fri7”按钮中的任意一个，可以切换到屏幕“edit_curriculum”。

想一想，长按该如何实现呢？可以用到  事件来实现。为了让屏幕“edit_curriculum”知道是哪个按钮被编辑，需要在打开屏幕“edit_curriculum”的同时传值过去，如果长按的是“mon1”，那么需要被传的值就是“mon1”。具体代码如图11-8所示。需要为“mon1”～“fri7”这35个按钮添加被慢点击的事件。

图 11-8 **按钮被编辑**

提示：简单介绍屏幕间的传值功能。这个功能非常实用，实现简单，但是需要设计者有严谨的逻辑设计能力，明白传值的实质和用处。用到的事件为 ，添加打开的屏幕名称和需要传递的初始值。然后在打开的屏幕中用  获取刚才传递的初始值，这样可以实现不同屏幕之间值的共享。

2. 实现底部按钮切换屏幕功能

此功能实现比较简单，不赘述，具体代码如图11-9所示 .

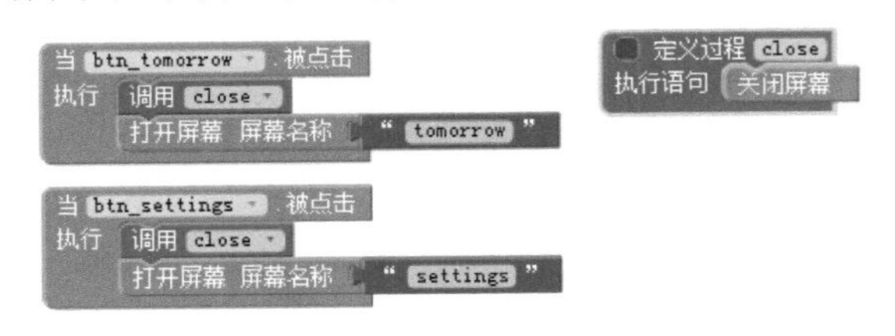

图 11-9 **切换屏幕**

3. 实现显示当前日期（年、月、日、星期）功能

页面顶部的“date”按钮上显示年月日及星期，需要用到“计时器1”，输出当前时间的年月日以及星期几。用到的是“调用计时器1. 设日期格式”的方法和“调用计时器1. 求星期名”的方法，均调用当前时间，具体代码如图11-10所示。

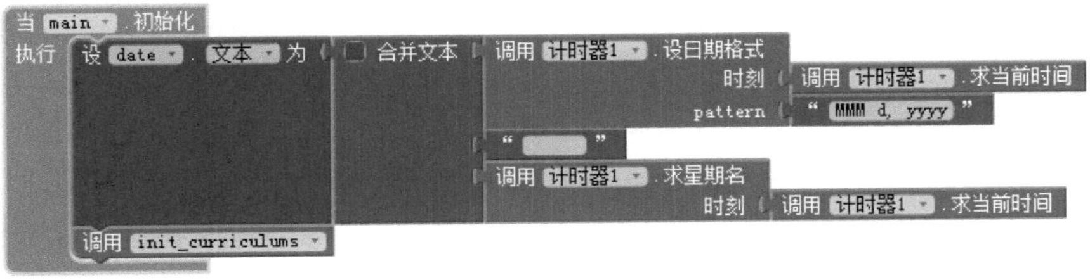

图 11-10 **显示当前日期**

4. 实现显示已设置的课程名称功能

表 11-3　存储课程名称的微数据库

编号	标签	存储值
1	mon1_curriculum	与屏幕“edit_curriculum”中保存的值有关，如语文、数学等
2	Mon2_curriculum	同上
…	……	……
34	fri6_curriculum	同上
35	fri7_curriculum	同上

“mon1”～“fri7”这35个按钮能正确显示已设置的课程名称，实现的方法是每次屏幕“main”初始化时从微数据库调用数据，如果此按钮已经设置过课程，则通过按钮标签取出存储值显示，否则显示空。这就是为什么在长按进入屏幕“edit_curriculum”时需要同时传递按钮名称的值的原因。存储课程名称的微数据库如表 11-3 所示。具体实现代码如图 11-11 所示。

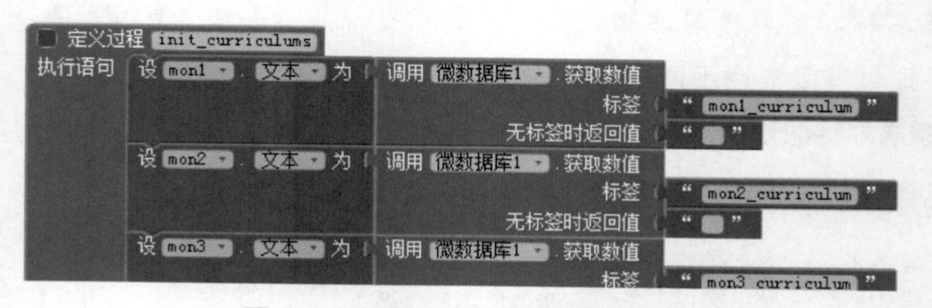

图 11-11　显示已设置的课程名称

5. 实现显示已设置的课程底色功能

实现的方法与前一个功能相似，每次 main 屏幕初始化时，从微数据库调用数据，如果此按钮已经设置过课程，则可以通过课程名（如按钮 mon1 显示的文本）取出相对应的颜色，否则显示系统随机设置的颜色。系统自带课程的颜色在进入屏幕 Screen1 时已经存储。具体代码如图 11-12 所示。

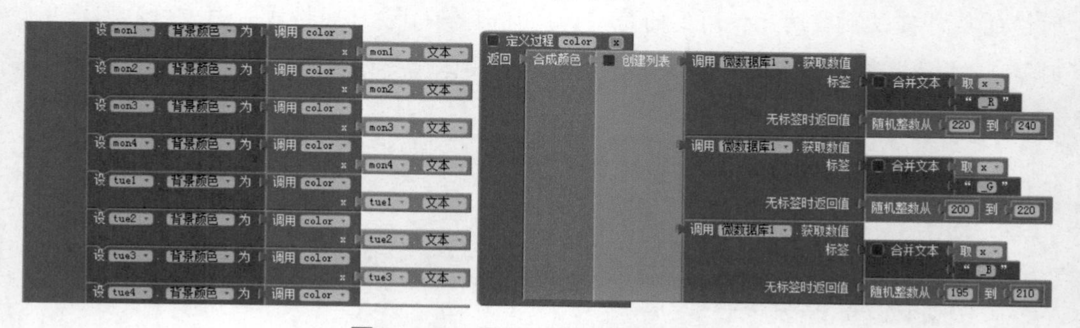

图 11-12　显示已设置的课程底色

小小创客记

用户在进入 main 屏幕时，并不知道该如何编辑课程，是否应该在首次进入到此屏幕时添加一个提示对话框，告知用户长按即可进入编辑页面。请在组件设计中添加“对话框 1”组件，并在逻辑设计中使用 方法。想一想该如何编写代码，使得仅在第一次进入 main 屏幕时提示呢？

11.6 edit_curriculum 屏幕的组件设计

长按按钮可进入 edit_curriculum 屏幕，如图 11-13 所示，除了图像、按钮，还添加了列表选择框、微数据库和照相机 3 个组件。其组件的属性设置如表 11-4 所示。

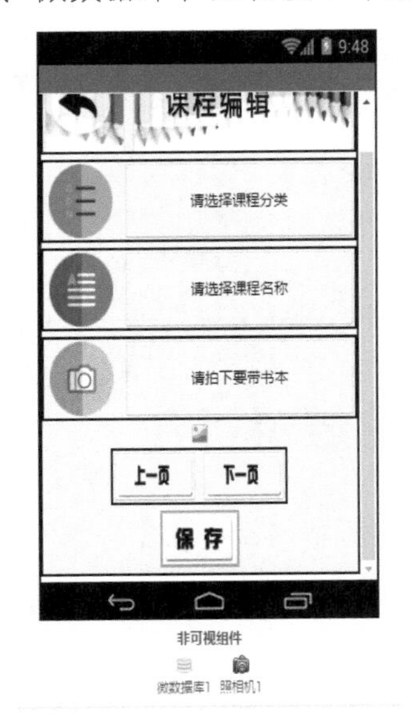

图 11-12　显示已设置的课程底色

表 11-4　存储课程名称的微数据库

<table>
<tr><th colspan="2">组件名称</th><th>作　用</th><th>命　名</th><th>属　性</th></tr>
<tr><td colspan="2">垂直布局</td><td>整体布局</td><td>垂直布局 1</td><td>宽度：充满　高度：充满
水平对齐：居中　垂直对齐：居上</td></tr>
<tr><td rowspan="2">水平布局 1</td><td>按钮</td><td>显示图片，返回相应值</td><td>return</td><td>宽度：80 像素　高度：80 像素
图像：edit_return_banner.jpg</td></tr>
<tr><td>按钮</td><td>显示图片</td><td>按钮 1</td><td>高度：80 像素　宽度：充满
图像：edit_banner.jpg</td></tr>
</table>

续表

组件名称		作　用	命　名	属　性
水平布局 2	图像	显示图片	图像 1	图像：select_category.jpg 高度：64 像素　宽度：自动
	列表选择框	选择课程分类	select_category	高度：充满　宽度：充满 启用状态
水平布局 3	图像	显示图片	图像 2	图像：select_curriculum.jpg 高度：64 像素　宽度：自动
	列表选择框	选择课程名称	select_curriculum	高度：充满　宽度：充满 启用状态
水平布局 4	图像	显示图片	图像 3	图像：takephpto.jpg 高度：64 像素　宽度：自动
	按钮	响应拍照	takephoto	高度：充满　宽度：充满
图像		显示刚拍摄的照片	showpic	高度：200 像素　宽度：200 像素
水平布局 5	按钮	查看上一张照片	bt_pre	高度：40 像素　宽度：80 像素 图像：pageup.jpg
	按钮	查看下一张照片	bt_next	高度：40 像素　宽度：80 像素 图像：pagedown.jpg
按钮		保存编辑的所有数据	save	高度：45 像素　宽度：75 像素 图像：baocun.jpg

11.7　edit_curriculum 屏幕的逻辑设计

edit_curriculum 屏幕的逻辑设计中存在多个变量与数据库标签，变量和标签分别如表 11-5 和表 11-6 所示。

表 11-5　edit_curriculum 屏幕的变量设置

变量名	作　用	存储类型及值
tag	将从屏幕“main”传递来的值存入变量中	文本类型，初始化为“ ”，如 mon1、tue3 ……
category	将“select_category”列表选择框中被选中的值存入变量中	文本类型，初始化为“ ”，如文科、理科、兴趣
curriculum	将“select_curriculum”列表选择框中被选中的值存入变量中	文本类型，初始化为“ ”，如语文、数学、信息……
imgcnt	存取被选中课程所对应照片的数量值	数值类型，初始化为 0
img_index	存取当前被选中课程显示的照片索引值	数值类型，初始化为 0

表 11-6　edit_curriculum 屏幕的标签设置

标　　签	存　储　值
mon1_curriculum ～ fri7_curriculum	课程名称即变量“curriculum”的值，如语文、数学、信息……
mon1_category ～ fri7_category	课程分类即变量“category”的值，如文科、理科、兴趣
语文 _imgcnt，数学 _imgcnt，信息 _imgcnt，…	某课程照片的数量，例如语文，数学或者信息等课程的照片数量
语文 _img_1，语文 _img_2，数学 _img_3，…	存储具体某一课程照片的图像位址，如语文第一张照片、语文第二张照片、数学第三张照片……

1. 实现返回屏幕“main”功能

因为在 main 屏幕长按打开 edit_curriculum 屏幕时，并没有执行关闭 main 屏幕的事件，所以想再次返回 main 屏幕，只要关闭当前屏幕，即调用即可。

2. 实现列表框选择功能

当点击列表选择框时，通过标签获取微数据库中的数据，将数据作为列表选择框的元素字串进行显示。此屏幕有两个列表选择框："select_category" 显示的是课程分类，需要用标签 "category" 获取数据；"select_curriculum" 显示的是具体的课程名称，需要用上一个列表选择框的选中项作为标签，获取微数据库中的相应值（如图 11-13 所示）。

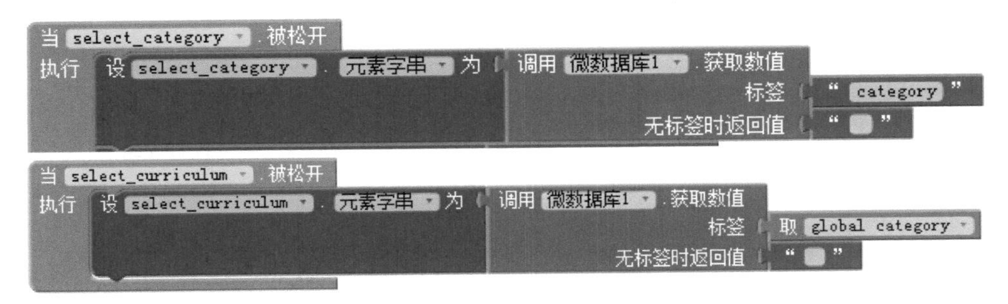

图 11-13　列表框选择

事件 "当 select_category/select_curriculum. 被松开" 执行后，会出现相应的元素字串，用户就可以根据课表进行选择，用户所选项必须被记录。该如何记录？用到的就是变量了，分别用变量 "category" 和 "curriculum" 来存储，如图 11-14 所示。

图 11-14　记录用户选择

3. 实现拍照并存储照片功能

点击按钮“takephoto”可调用系统自带的拍照功能。拍摄完成时，需要更新照片的数量，即将变量“imgcnt”进行更新，并且将新的值以标签“[变量 curriculum]_imgcnt”进行存储，将图像位址以标签“[变量 curriculum]_img_[变量 imgcnt]”进行存储。具体代码如图 11-15 所示。

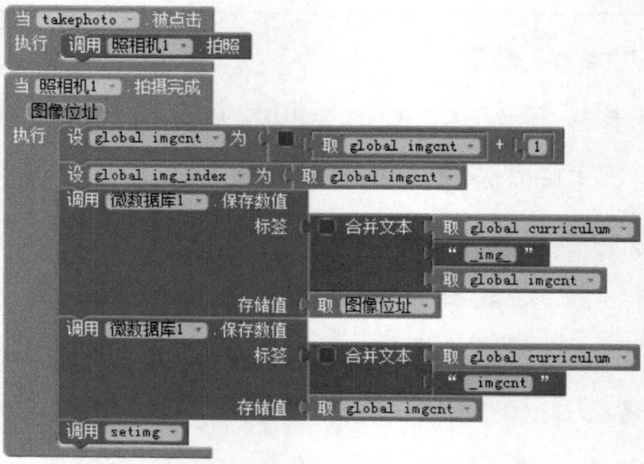

图 11-15　更新照片数值

4. 实现显示照片并可以上下翻看功能

事件“当照相机 1. 拍摄完成”完成后，调用函数“setimg”设置图像组件的图片，通过标签获取微数据库中的相应的图像位址，进而显示照片。通过上下页按钮改变变量“img_index”的数量，从而改变显示照片。具体代码如图 11-16 所示。

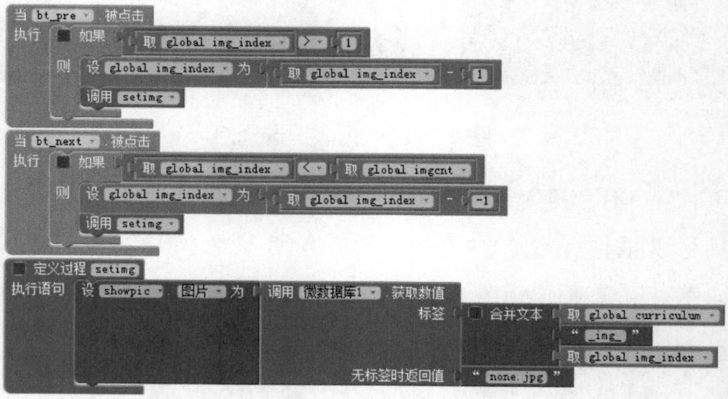

图 11-16　翻看照片

5. 实现保存所选项功能

点击按钮“save”时，可保存 main 屏幕中所选按钮需设置的课程分类及所选课程名称，并返回到 main 屏幕。具体代码如图 11-17 所示。

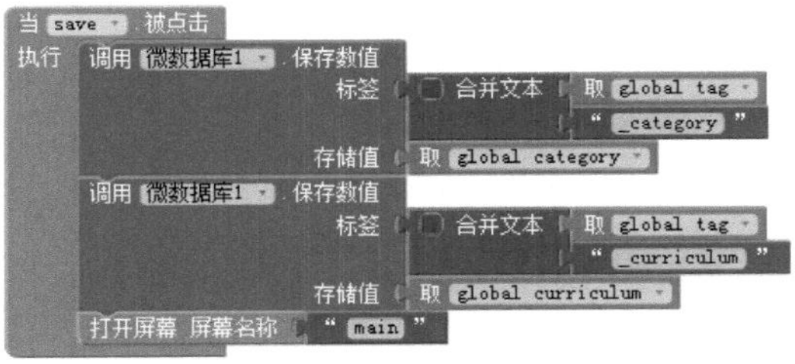

图 11-17　保存课程

小小创客记

在 main 屏幕中，假设已经设置过课程，如果需要重新更改，以这样的情况进入 edit_curriculum 屏幕时，列表选择框“select_category”中的文本应该显示之前设置的课程分类，列表选择框“select_curriculum”中的文本应该显示之前设置的课程名称。想一想，该如何编写代码，实现这一效果呢？

11.8　tomorrow 屏幕的组件设计

在 edit_curriculum 屏幕中点击“明日”按钮，可进入 tomorrow 屏幕，如图 11-18 所示，除了图像、按钮，还添加了 3 个组件：Web 客户端、微数据库和对话框。其组件的属性设置如表 11-7 所示。

11.9　tomorrow 屏幕的逻辑设计

tomorrow 屏幕中需要用到多个变量，如表 11-8 所示。

1．实现查看“历史上的明天”功能

查看历史上的明天，首先要解决的是明天的日期如何获取，可以通过计时器增加天数来实现，就是当前时间增加 1 天，用到“调用计时器 1.AddDays”方法，再获取明天的月份和日期。具体代码如图 11-19 所示。

历史上明天的内容是通过百度的 API 来获取的一个嵌套格式的 JSON 文本，然后通过一层一层解析得到想要的内容。注意，该功能一定在连网的情况下才能使用。具体代码如图 11-20 所示。将变量“history”的值通过对话框的形式显示，如图 11-21 所示。

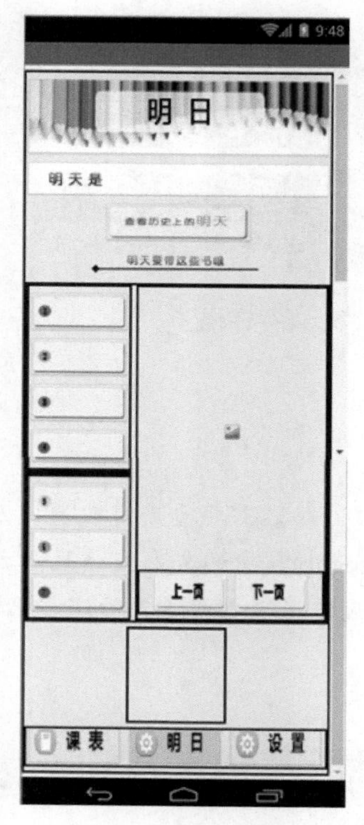

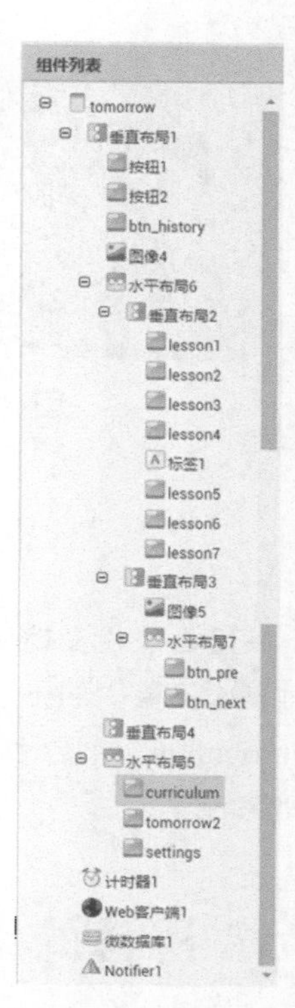

图 11-18　tomorrow 屏幕的组件设计

表 11-7　tomorrow 屏幕的变量设置

组件名称			作　用	命　名	属　性
垂直布局			整体布局	垂直布局 1	宽度：充满　高度：充满 水平对齐：居中　垂直对齐：居上
按钮			显示图片	按钮 1	宽度：充满　图像：tomorrow_banner.jpg
按钮			显示图片	按钮 2	宽度：充满　图像：tomdate.jpg
按钮			显示图片 & 响应查看历史上的明天	btn_history	高度：40 像素　宽度：150 像素 图像：histom.jpg
图像			显示图片	图像 4	高度：30 像素　宽度：充满 图像：tombooks.jpg
水平布局 6	垂直布局 2	按钮	显示底图 & 明日第一节课	lesson1	字号：14.0　图像：lesson1.png
		按钮	显示底图 & 明日第二节课	lesson2	字号：14.0　图像：lesson2.png
		按钮	显示底图 & 明日第三节课	lesson3	字号：14.0　图像：lesson3.png
		按钮	显示底图 & 明日第四节课	lesson4	字号：14.0　图像：lesson4.png
		标签	显示分割线	标签 1	背景颜色：黑色
		按钮	显示底图 & 明日第五节课	lesson5	字号：14.0　图像：lesson5.png
		按钮	显示底图 & 明日第六节课	lesson6	字号：14.0　图像：lesson6.png
		按钮	显示底图 & 明日第七节课	lesson7	字号：14.0　图像：lesson7.png

续表

<table>
<tr><th colspan="4">组件名称</th><th>作　用</th><th>命　名</th><th>属　性</th></tr>
<tr><td rowspan="3">水平布局 6</td><td rowspan="3">垂直布局 3</td><td colspan="2">图像</td><td>显示某一课程所需要携带的书本等图片</td><td>图像 5</td><td>高度：充满　宽度：充满</td></tr>
<tr><td rowspan="2">水平布局 7</td><td>按钮</td><td>查看上一张图</td><td>btn_pre</td><td>高度：40 像素　宽度：75 像素
图像：pageup.jpg</td></tr>
<tr><td>按钮</td><td>查看下一张图</td><td>btn_next</td><td>高度：40 像素　宽度：75 像素
图像：pageup.jpg</td></tr>
<tr><td colspan="4">垂直布局</td><td>均衡垂直方向上的布局</td><td>垂直布局 4</td><td>高度：充满　宽度：自动</td></tr>
<tr><td rowspan="3" colspan="2">水平布局 5</td><td rowspan="3" colspan="2">含 3 个按钮</td><td>显示“课表”按钮图像</td><td>curriculum</td><td>图像：kb_button.png</td></tr>
<tr><td>显示“明日”按钮图像，实现切屏功能</td><td>tomorrow2</td><td>图像：mr_button_selected.png</td></tr>
<tr><td>显示“设置”按钮图像，实现切屏功能</td><td>settings</td><td>图像：settings_button.jpg</td></tr>
</table>

表 11-8　tomorrow 屏幕的变量设置

变量名	作　用	存储类型及值
mouth	记录明天的月份	数值类型，初始化为 4
day	记录明天的日	数值类型，初始化为 6
week	记录明天是星期几	文本类型，初始化为“ ”，如星期一、星期二……
history	记录通过解析 JSON 文本得到的“历史上的明天”	文本类型，初始化为“ ”
curriculum	点击任意按钮“lesson1”～“lesson7”，将按钮上的文本赋值于它	文本类型，初始化为“ ”，如语文、数学、信息……
imgcnt	存取被选中课程所对应照片的数量值	数值类型，初始化为 0
img_index	存取当前被选中课程显示的照片索引值	数值类型，初始化为 0

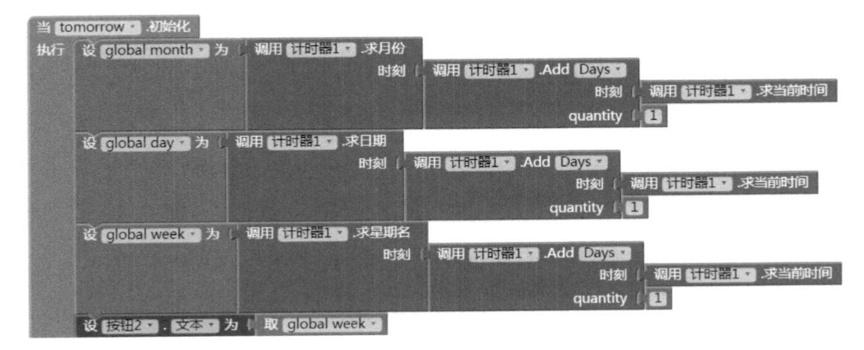

图 11-19　历史上的明天

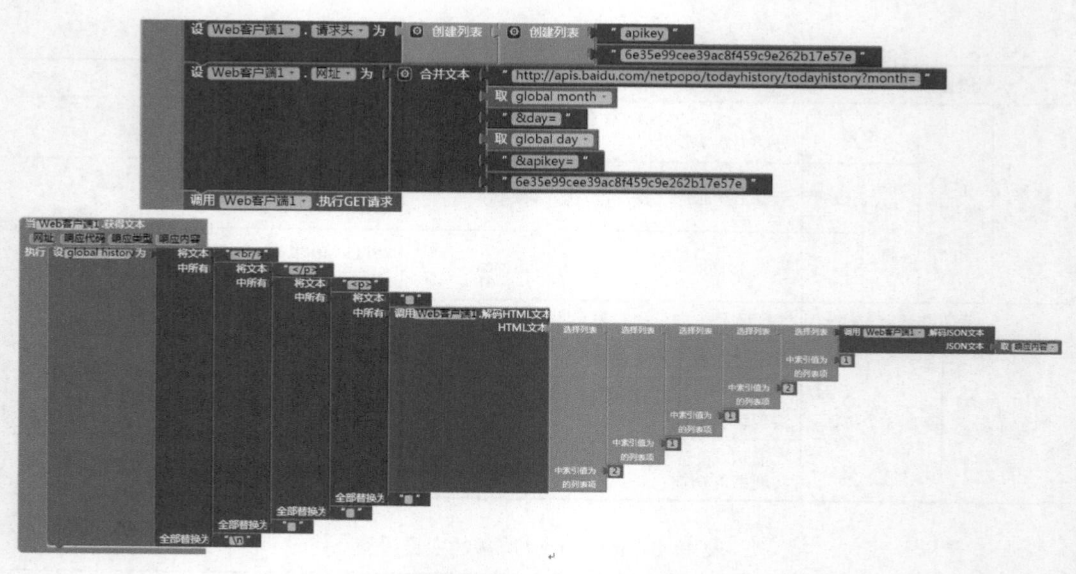

图 11-20　JSON 文本

2. 实现显示明日课表功能

变量“week”获取的是明天星期几，如今天是星期天，那么明天是星期一，week 的值为“星期一”。“星期一”的值需要被转换为“mon”，与之前微数据库标签的命名格式统一，方便从微数据库中获取数据，如图 11-22 所示。

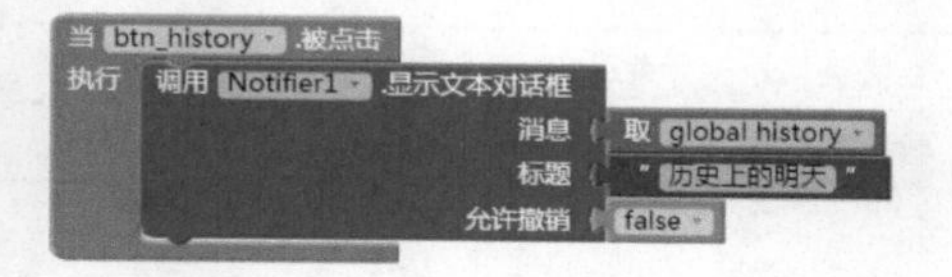

图 11-21　显示历史上的明天

图 11-22　显示星期

例如，如何从数据库中获取星期一的课程呢？需要用标签“mon_1_curriculum”获取星期一第一节课的值，用标签“mon_2_curriculum”获取星期一第二节课的值，以此类推。标签中的数值是通过调用函数并传值的方式告知函数“get_lesson”，将按钮文本的值设为从微数据库中获取的值。具体代码如图 11-23 所示。

3. 实现查看明日某一课程要带的课本及工具功能

将显示课程图片的代码写成函数“init_img”，点击按钮“lesson1”～“lesoon7”中的任意一个时，调用函数“init_img”即可查看课程要带的课本及工具，同时将按钮上的文本作为参数传递给函数。参数可转换成相对应的标签，从而获取此课程的图像位址和图像数量。具体代码如图 11-24 所示。

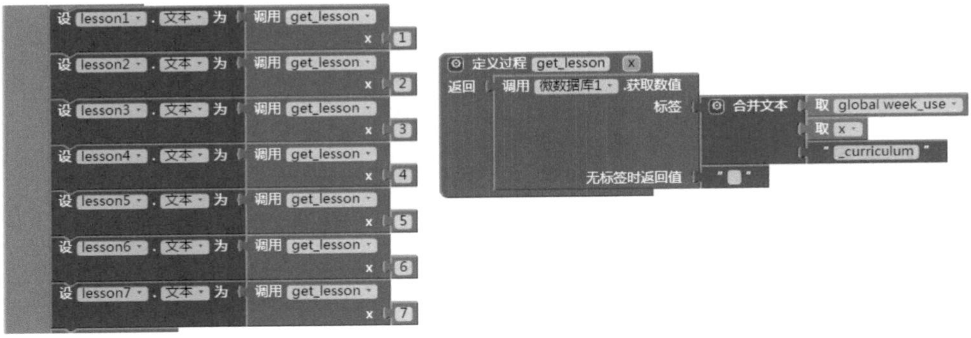

图 11-23　获取微数据库中对应的值

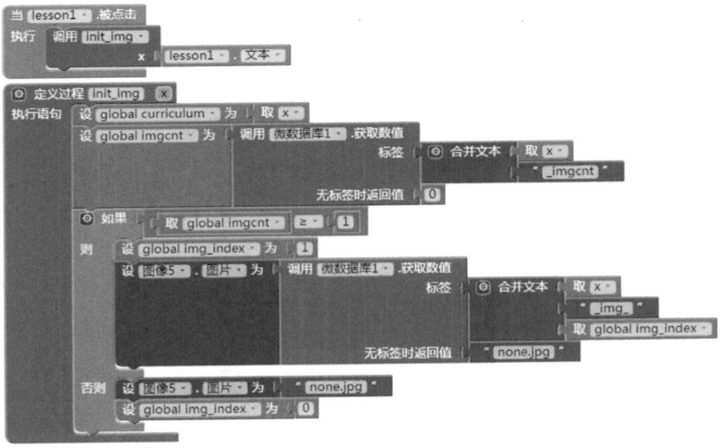

图 11-24　查看明日某一课程要带的课本及工具

小小创客记

如果用户在双休日没有课程，那么星期六和星期天应该显示的是星期一的课程。想一想，该如何编写代码，实现这一效果呢？提示：可增加一个变量“week_use”，通过判断，赋予它恰当的值。

11.10　settings 屏幕的组件设计和逻辑设计

settings 屏幕（如图 11-25 所示）中同样具备底部的三大按钮“课表”、“明日”和“设置”，还有 4 个功能：设置昵称、点击进入屏幕“添加科目”、软件介绍和退出。其组件的变量设置如表 11-9 所示。

settings 屏幕中的逻辑设计较为简单，之前都有提到，不再赘述。

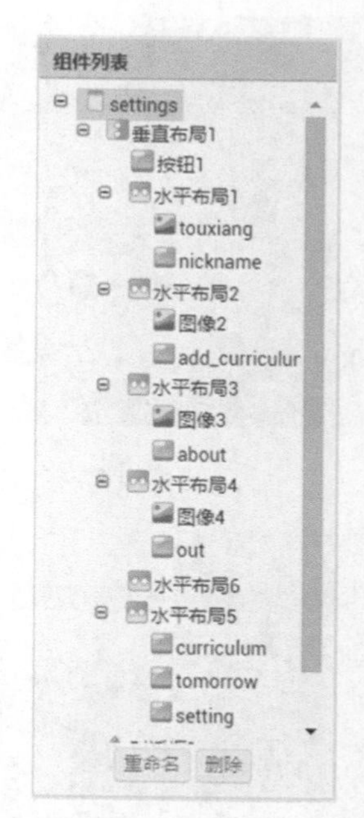

图 11-25　settings 屏幕的组件设计

表 11-9　settings 屏幕的变量设置

组件名称		作　用	命　名	属　性	
垂直布局		整体布局	垂直布局 1	宽度：充满 水平对齐：居中	高度：充满 垂直对齐：居上
水平布局 1	图像	显示图片	touxiang	高度：64 像素 图像：nickname.png	宽度：64 像素
	按钮	显示昵称，响应点击按钮时调用对话框事件	nickname	高度：充满	宽度：充满
水平布局 2	图像	显示图片	图像 2	高度：64 像素 图像：add.png	宽度：64 像素
	按钮	响应点击按钮时切换至 add_curriculum 屏幕	add_curriculum	高度：充满	宽度：充满
水平布局 3	图像	显示图片	图像 3	高度：64 像素 图像：aboutpic.png	宽度：64 像素
	按钮	响应点击按钮时切换至 about 屏幕	about	高度：充满	宽度：充满
水平布局 4	图像	显示图片	图像 4	高度：64 像素 图像：exit.png	宽度：64 像素
	按钮	直接退出程序	out	高度：充满	宽度：充满
水平布局		为了均衡垂直方向上的布局	水平布局 6	高度：充满	宽度：充满
水平布局 5	含 3 个按钮	显示“课表”按钮图像	curriculum	图像：kb_button.png	
		显示“明日”按钮图像，实现切屏	tomorrow	图像：Tomorrow_button.jpg	
		显示“设置”按钮图像，实现切屏	settings	图像：sz_button_selected.png	

11.11 add_curriculum 屏幕的组件设计

add_curriculum 屏幕（如图 11-26 所示）的布局类似 edit_curriculum 屏幕，通过垂直布局和水平布局的搭配来合理布局，除了常用的标签、按钮、图像组件外，还加入了列表选择框、滑动条、对话框和微数据库组件。其组件的变量设置如表 11-10 所示。

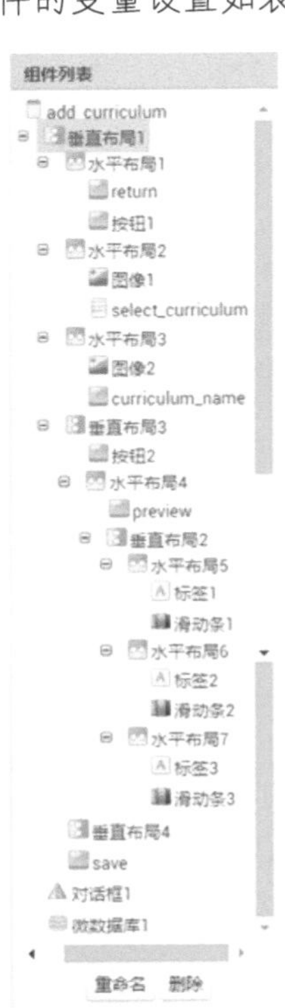

图 11-26 add_curriculum 屏幕的组件设计

表 11-10 add_curriculum 屏幕的变量设置

组件名称		作用	命名	属性
垂直布局		整体布局	垂直布局 1	宽度：充满 高度：充满 水平对齐：居中 垂直对齐：居上
水平布局1	按钮	显示图片，响应按钮被点击事件	return	宽度：60 像素 高度：60 像素 图像：edit_return_banner.jpg
	按钮	显示图片	按钮 1	高度：60 像素 宽度：充满 图像：add_banner.jpg
水平布局2	图像	显示图片	图像 1	高度：64 像素 宽度：64 像素 图像：select_category.png
	列表选择框	选择新添课程的分类	select_curriculum	高度：充满 宽度：充满 文本：请选择课程分类

续表

<table>
<tr><th colspan="5">组件名称</th><th>作　用</th><th>命　名</th><th>属　性</th></tr>
<tr><td rowspan="2">水平布局3</td><td colspan="4">图像</td><td>显示图片</td><td>图像 2</td><td>高度：64 像素　宽度：64 像素
图像：fill_in_name.png</td></tr>
<tr><td colspan="4">按钮</td><td>响应调用对话框事件</td><td>curriculum_name</td><td>高度：充满　宽度：充满
文本：请选择课程名称</td></tr>
<tr><td rowspan="9">垂直布局3</td><td colspan="4">按钮</td><td>显示图片</td><td>按钮 2</td><td>图像：qxzys.png</td></tr>
<tr><td rowspan="8">水平布局4</td><td colspan="3">按钮</td><td>显示文字</td><td>preview</td><td>形状：椭圆　文本：预览
宽度：80 像素</td></tr>
<tr><td rowspan="6">垂直布局2</td><td rowspan="2">水平布局 5</td><td>标签</td><td>显示文本“R”</td><td>标签 1</td><td>文本颜色：红　文本：R</td></tr>
<tr><td>滑动条</td><td>决定生成的颜色</td><td>滑动条 1</td><td>最大值：255　最小值：0</td></tr>
<tr><td rowspan="2">水平布局 6</td><td>标签</td><td>显示文本“G”</td><td>标签 2</td><td>文本颜色：绿　文本：G</td></tr>
<tr><td>滑动条</td><td>决定生成的颜色</td><td>滑动条 2</td><td>最大值：255　最小值：0</td></tr>
<tr><td rowspan="2">水平布局 7</td><td>标签</td><td>显示文本“B”</td><td>标签 3</td><td>文本颜色：蓝　文本：B</td></tr>
<tr><td>滑动条</td><td>决定生成的颜色</td><td>滑动条 3</td><td>最大值：255　最小值：0</td></tr>
<tr><td colspan="5">垂直布局</td><td>留白</td><td>垂直布局 4</td><td>高度：20 像素　宽度：自动</td></tr>
<tr><td colspan="5">按钮</td><td>保存新添数据</td><td>save</td><td>高度：45 像素　宽度：75 像素
图像：baocun.jpg</td></tr>
</table>

11.12　add_curriculum 屏幕的逻辑设计

1. 实现设置新增课程分类的功能

很多学校有自己的课程特色，有些特色课程并不包含在软件自带项目里，就可以通过新增课程来完善。但是，新增课程必须按照本 APP 的标准，先设置这门课程的类别：“文科”、“理科”或“兴趣”。在屏幕初始化时，通过标签“category”调用微数据库中的值，作为列表选择框“select_curriculum”的元素。对列表选择框选择完成后，将选中项存到变量“selected_category”中，变量值作为当前列表选择框的文本，并以此为标签调用该分类下的所有课程，存入变量“all_curriculum”中，如图 11-27 所示。

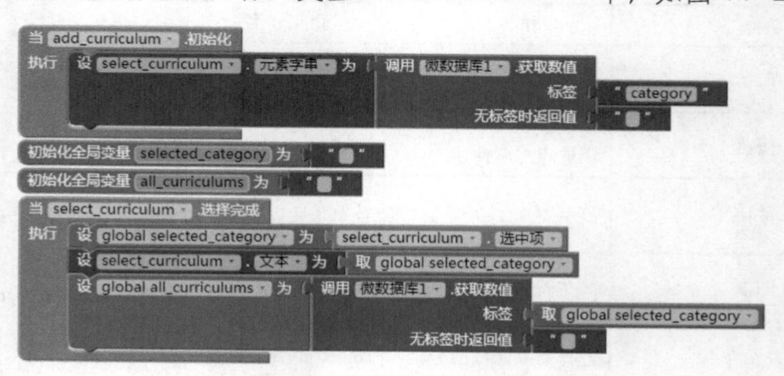

图 11-27　新增课程分类

2. 实现设置新增课程名称的功能

选择好分类后点击按钮“curriculum_name”，响应对话框事件，如图 11-28 所示。

3. 实现设置新增课程的背景色的功能

滑动 3 个 R、G、B 滑动条时，可以在预览按钮中查看实时生成的颜色，实现方式简单，运用合成颜色的方法，将合成的颜色赋给按钮“preview”的背景颜色即可，如图 11-29 所示。

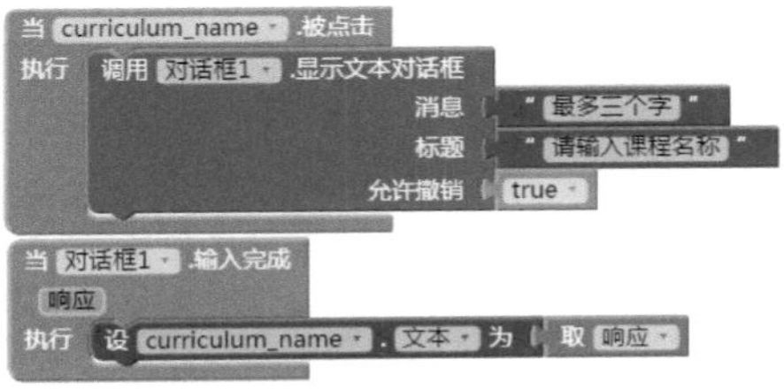

图 11-28 设置新增课程名称

图 11-29 设置新增课程的背景色

4. 实现将新增课程属性更新至微数据库的功能

当设置好新增课程的名称和显示背景色后，就要将这两种信息存储至微数据库中，更新微数据库信息。首先，需要判断的是新添的课程名称在变量“all_curriculum”中是否不存在，如果不存在，则需要补充此分类下的元素字串，并将其 RGB 的颜色分量分别存储。存储标签命名与之前一致，如“[新添课程名]_R”，“[新添课程名]_G”和“[新添课程名]_B”，存储值为对应的滑块位置。具体代码如图 11-30 所示。

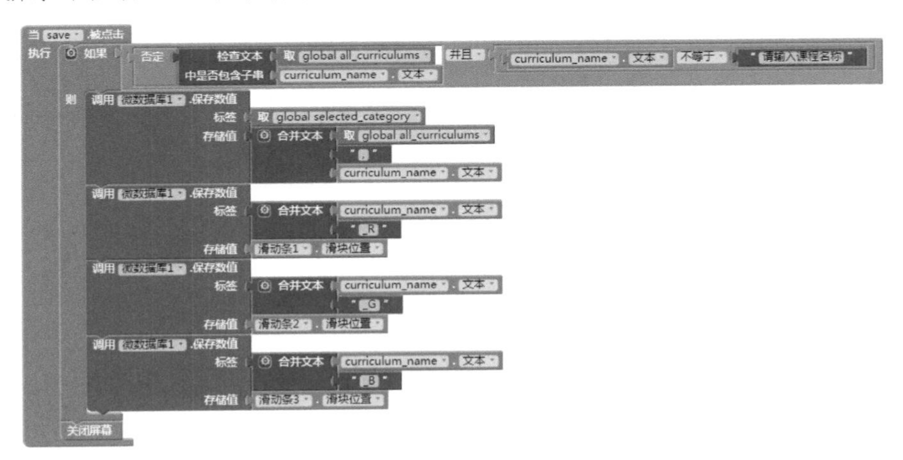

图 11-30 更新微数据库

小小创客记

1. 实践体验。

自己动手实践一遍，感受一下整个过程。是否可以给应用扩展更多的功能？例如，将昵称和用户账号挂钩，在初次进入时，要求用户注册账户，今后通过密码登录，提高保密性。还能增加一些小应用，如“便签”功能，方便记录回家作业或者用户所思所想等。

请对有问题的程序进行测试和调试，并记录下你的解决方案，或对问题程序进行再创作。和邻桌同学分享彼此的解决问题过程，如果有差异，请记录下这些不同点。

2. 展示分享。

邀请你的同学一起体验“课表”应用，并分享课程表作品。然后与他们一起讨论以下几个问题，并记录讨论的结果。

① 这个“课表”应用，你最得意的是什么？

② 你碰到了什么问题？怎么会造成这种情况？你是如何解决的？

③ 通过学习，你收获了什么？

第 12 章 背得快

学而时习之，不亦说乎！诵而时背之，不亦乐乎！背诵是非常重要的学习方法，可提高人的智力、记忆力、思考能力，使头脑更细腻、更精详。

内容提要

- 掌握开始界面图片的触摸滑动功能。
- 学会点击按钮跳转到指定的界面、发出声音、震动功能。
- 在联系作者界面，学会调用电话拨号器功能。
- 通过添加文章，学会在微数据中存入数据。
- 通过选择朗读的内容，学会调用数据库内容。
- 学会倒计时的使用。
- 通过对背诵内容进行检测，学会复杂字符串的比较方法。
- 掌握使用调用和递归的方法优化程序。

经典著作，浓缩了人文、社会、自然、科技等多方面智慧的结晶。幼儿、青少年学习时高声朗诵、进而背诵经典和美文，形成记忆，对于德育、智育、体育、美育的成长都起决定性作用。

不仅中华民族自古推崇背诵，世界其他民族也非常推崇背诵。古人背诵能背出“手之舞之、足之蹈之”的境界。今人背诵却苦不堪言，成了学生、老师、家长的共同负担。创新创意源于生活，高于生活。将现代科技与传统智慧进行结合，解决学习和生活中的实际问题，是很有意思的想法，也有广阔的发展前景。

本 APP 由浙江省杭州高新实验学校程陶奕老师指导开发，开发者为该校姚前同学。本 APP 荣获 2016 年 Google 中学生挑战赛初中组特等奖。

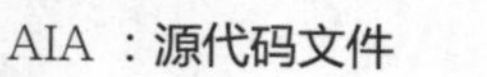
AIA：源代码文件

APK：安装包文件

视频：功能演示

12.1 软件功能描述

本案例主要讲解启动屏幕、功能选择屏幕、联系作者屏幕、背诵达人屏幕、背诵闯关屏幕等的实现（如图 12-1 所示）。

启动屏幕有 4 个欢迎图片可以滑动，功能选择屏幕可以选择需要进入的功能屏幕，联系作者屏幕可以调用电话拨号器联系作者，背诵达人屏幕可增加文章、选择文章或段落并且朗读文章，背诵达人屏幕可以进行背诵录制，检查是否背诵正确，可以手动获得提示，可以在提示后继续背诵。

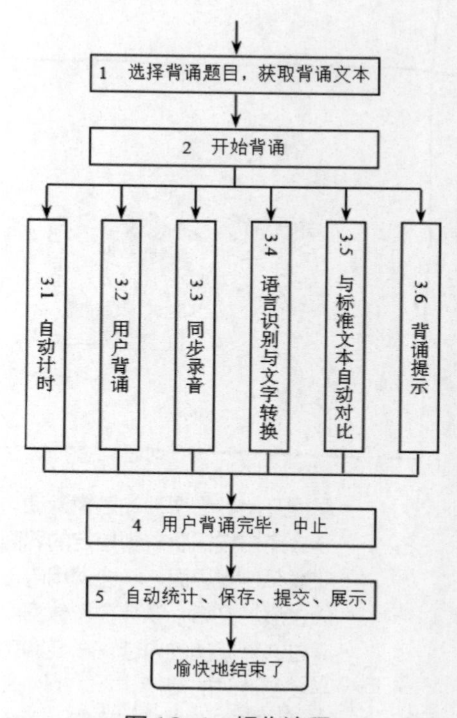

图 12-1 操作流程

12.2 软件功能实现

❖ 1 选择背诵题目、获取背诵文本：用户打开安装在电子设备上的背诵软件，选择准备背诵的题目，从网络服务端或者电子设备内的存储介质里获取相应题目对应的背诵文本内容。

❖ 2 开始背诵：用户准备就绪后，发出“开始背诵”指令。

❖ 3 进入背诵环节：背诵装置收到“开始背诵”指令后，立即进入背诵环节：

 ▲ 3.1 自动计时：从 0 开始自动计时，直至用户背诵完成。

 ▲ 3.2 用户背诵：用户对着麦克风背诵。

 ▲ 3.3 同步录音：背诵装置在用户背诵时同步录音。

 ▲ 3.4 语音识别与文字转换：背诵软件对录音内容同步进行语音自动识别并转换成文字。

 ▲ 3.5 与标准文本自动比对：将前述语音识别出来的文字与标准文本进行自动比对，在需要时可自动标志背错的内容。

 ▲ 3.6 背诵提示：用户背诵卡壳请求背诵装置提示时，自动提示并记录提示内容与次数；和 / 或，根据参数设置，需要时自动提示背错的内容。

❖ 4 用户背诵完毕 / 中止：用户背诵完毕时发出“完毕”指令，计时自动停止；或者用户希望中间停止时发出“中止”指令。

12.3 启动屏幕的组件设计

启动屏幕如图 12-2 所示，可以制作开机动画、产品介绍、理念传播等。作品的图标也是在此屏幕中设置，以便安装到智能设备上可以直观地看到独一无二的图标。

除了在程序代码中图形化表述创作思路外，还可以有漂亮的滑动引导页，即用 4 幅广告图片、4 句口号交替显示，精练地介绍作品特征，在触摸屏上划动时有炫动效果。其诀窍是放一个带图片、高度为 80% 的介绍按钮组件，以及另一个显示文字的稍小些的启动按钮组件，用 4 个不显示的启动图像组件各自隐藏 1 张广告图片，在触发屏幕划动事件、即“介绍按钮 . 被松开”时，动态装载广告图片到大按钮中显示，这样产生了动画。其组件的参数设置如表 12-1 所示。

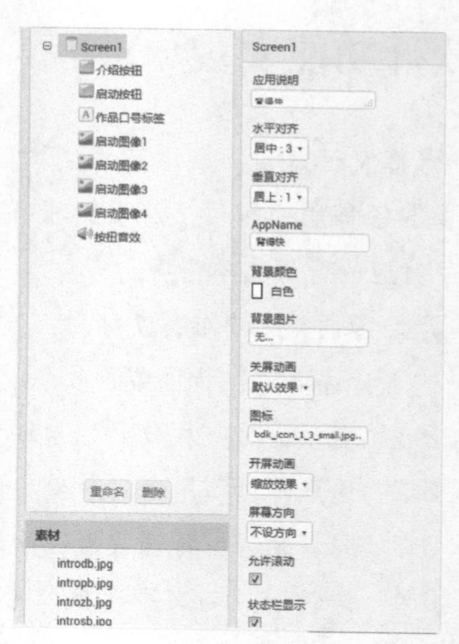

图 12-2　启动屏幕

表 12-1　启动屏幕的参数设置

组件类型	作　用	命　名	属　性
按钮	介绍 APP	介绍按钮	高度：80%　宽度：自动 字号：14.0
	启动 APP	启动按钮	
标签	进行放置作品口号	作品口号标签	宽度：充满　高度：自动
图像	放置图像	启动图像 1	宽度：充满　高度：10%
	放置图像	启动图像 2	
	放置图像	启动图像 3	
	放置图像	启动图像 4	
音效	进行介绍	按钮音效	最小间隔：500 ms

12.4　启动屏幕的逻辑设计

启动屏幕中需要实现广告自动滑动的功能。

当介绍按钮被松开时，设变量"global 页面"为小于 4 的数，先使初始值为 1，接着在初始值的基础上增 1；而 4 张图片的编号为 1、2、3、4，所以随着变量"global 页面"的变化，图片也会相应变化。具体代码如图 12-3 所示。

图 12-4 是直观概括看齐的总体特征的代码。

```
当 介绍按钮 .被松开
执行 设 global 页面 为  如果  取 global 页面 < 4
                      则  取 global 页面 + 1
                      否则 1
     如果 取 global 页面 等于 1
     则 设 介绍按钮 . 图像 为 启动图像1 . 图片
        设 启动按钮 . 文本 为 "诵而能背，自然高贵"
     否则，如果 取 global 页面 等于 2
     则 设 介绍按钮 . 图像 为 启动图像2 . 图片
        设 启动按钮 . 文本 为 "诵而能背，益智增慧"
     否则，如果 取 global 页面 等于 3
     则 设 介绍按钮 . 图像 为 启动图像3 . 图片
        设 启动按钮 . 文本 为 "学而不背，很快荒废"
     否则，如果 取 global 页面 等于 4
     则 设 介绍按钮 . 图像 为 启动图像4 . 图片
        设 启动按钮 . 文本 为 "背得轻松，受用一生"
```

图 12-3　具体代码

图 12-4　总体特征

12.5　功能选择屏幕的组件设计

功能选择屏幕是各种功能的选择和实现，包括："背诵达人"、"排名大战"、"作业先锋"、"经典诵客"、"背功卓著"。点击相应的按钮，会打开相应的屏幕。点击"？"按钮，可以查看版本与作者信息。点击"鸣金收兵"按钮，退出应用，如图 12-5 所示。

其参数设置如表 12-2 所示。

12.6　功能选择屏幕的逻辑设计

当某功能按钮被点击时，就打开其对应的屏幕，具体代码如图 12-6 所示。

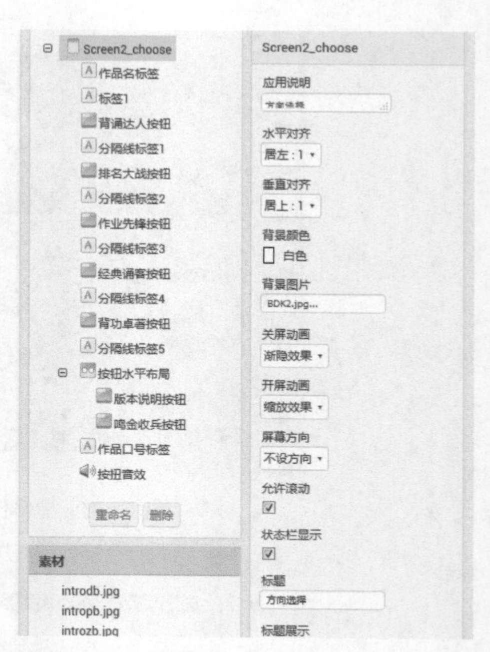

图 12-5 功能选择屏幕

表 12-2 功能选择屏幕的参数设置

组件类型	作　　用	命　　名	属　　性
按钮	进行排名大战	排名大战	高度：充满　　宽度：50%
	进入背诵达人的屏幕	背诵达人	
	作业先锋	作业先锋	
	经典诵客	经典诵客	
	背功卓著	背功卓著	
标签	分隔按钮	分隔线标签	高度：2%　　宽度：充满 字号：8
	显示作品口号	作品口号标签	
音效	发声	按钮音效	最小间隔：500

本屏幕中需要实现的功能是：当按钮被点击时，按钮振动并发出相应的音效。具体代码如图 12-7 所示。

图 12-6 打开相应的屏幕

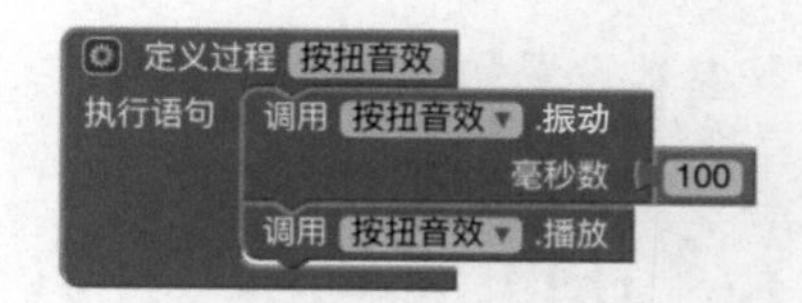

图 12-7 振动并发出相应的音效

功能选择屏幕的总体代码如图 12-8 所示。

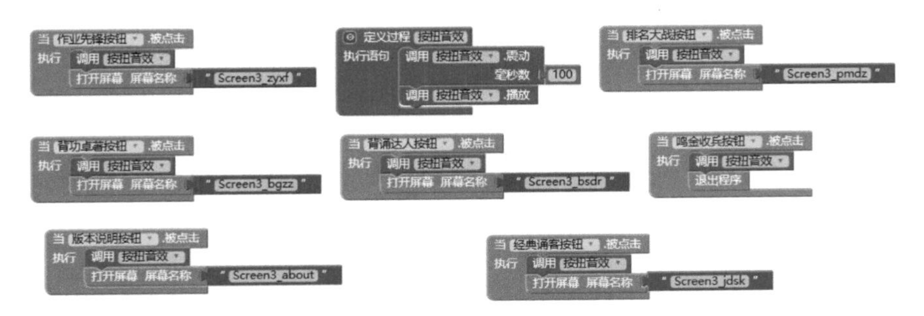

图 12-8　功能选择屏幕的代码

12.7　联系作者屏幕的组件设计

联系作者屏幕（如图 12-9 所示）有呼叫作者及退出的功能，还可以显示作者地址。其参数设置如表 12-3 所示。

图 12-9　联系作者屏幕

表 12-3　联系作者屏幕的参数设置

组件类型	作　用	命　名	属　性
按钮	进行呼叫作者	呼叫作者按钮	高度：充满　宽度：50%
	退出	返回修炼按钮	
标签	显示版本信息	版本信息标签	高度：自动　宽度：充满　字号：15
图像	放置并显示图片	作品封面图像	高度：50%　宽度：充满
电话拨号器	实时拨打求值	电话拨号器	电话号码：（自定）
水平布局	令组建按自己的格式排列	按钮水平布局	高度：8%　宽度：充满

12.8 联系作者屏幕的逻辑设计

本屏幕主要实现拨打电话和退出的功能，即：当“呼叫作者”按钮被点击时，就拨打设定好的电话号码；当“返回修炼”按钮被点击时，就关闭屏幕。具体代码如图12-10所示。

图12-10 拨打电话和退出

12.9 背诵达人屏幕的组件设计

在背诵达人屏幕（如图12-11所示）中可以选择文章类别、文章题目、搜索文章、增加文章、节选段落，自动显示文章内容，可以按“自动朗读”由智能设备自动朗读出语音，可按“背诵闯关”进入背诵环节。其参数设置如表12-4所示。

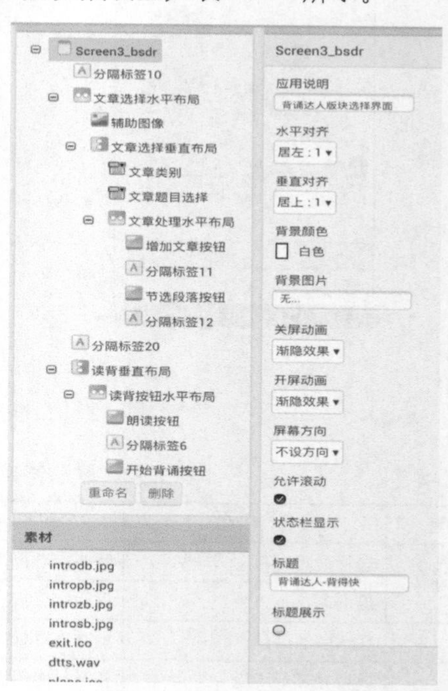

图12-11 背诵达人屏幕

表 12-4　背诵达人屏幕的参数设置

组件类型	作　用	命　名	属　性
按钮	增加文章	增加文章按钮	高度：自动　　宽度：30%
	节选段落	节选段落按钮	
	朗读	朗读按钮	
	开始背诵	开始背诵按钮	
标签	分隔	分隔标签 10	宽度：充满　　高度：自动
	分隔	分隔标签 11	
	分隔	分隔标签 12	
	分隔	分隔标签 6	
	分隔	分隔标签 20	
音效	自动朗读功能的实现	按钮音效	最小间隔：500
水平布局	令组建按自己的格式排列	文章选择水平布局	行数：3　　列数：2
垂直布局	令组建按自己的格式排列	文章选择垂直布局	高度：自动　　宽度：充满
下拉框	设置编写字符串进行选择	文章类别，文章题目选择	元素字串：诗歌，儒家，道家 宽度：充满
文本输入框	输入文本	搜索输入框	高度：充满　　宽度：40%
对话框	消息的通知与警告	通用对话框，新增及放弃新增对话框	显示时长：短延时
微数据库	存储数据	BDK 微数据库	

12.10　背诵达人屏幕的逻辑设计

1. 查看源文件

屏幕初始化时，设变量“类别”为“文章”，当查看文件时，判断是否有此诗歌类别，如果没有，就传值至“尚未建库”；如果有，就从微数据库调用对应的诗歌类别，并设元素字串为该变量“类别”的内容。具体代码如图 12-12 所示。

2. 文章类别选择后选择文章

“文章类别”选择完成后再选择文章，判断是否有该文章，如果有，就取该文章的文本，如果没有，就传值“尚无文章”。具体代码如图 12-13 所示。

3. 新增文章

存储新增的文章文本和题目，存储完毕后，会语音提示“新增成功”。具体代码如图 12-14 所示。

```
当 Screen3_bsdr . 初始化
执行 初始化局部变量 类别 为 调用 看齐微数据库 . 获取数值
                                  标签 “ 文章类别 ”
                          无标签时返回值 “ 尚未建库 ”
     作用范围 如果 比较文本 取 类别 = “ 尚未建库 ”
             则 设 类别 为 “ 诗歌,儒家,道家 ”
                调用 看齐微数据库 . 保存数值
                           标签 “ 文章类别 ”
                         存储值 “ 诗歌,儒家,道家 ”
                调用 看齐微数据库 . 保存数值
                           标签 “ 诗歌@文章类别 ”
                         存储值 “ 登鹳雀楼,春晓,望庐山瀑布 ”
                调用 看齐微数据库 . 保存数值
                           标签 “ 登鹳雀楼@诗歌@文章类别 ”
                         存储值 登鹳雀楼 . 文本
             设 文章类别 . 元素字串 为 取 类别
```

图 12-12　查看源文件

```
当 文章类别 . 选择完成
  选择项
执行 调用 语音提示
           文本 取 选择项
     初始化局部变量 文章题目元素字串 为 调用 看齐微数据库 . 获取数值
                                     标签 合并文本 取 选择项
                                                   “ @文章类别 ”
                             无标签时返回值 “ 尚无文章 ”
     作用范围 设 文章题目选择 . 元素字串 为 取 文章题目元素字串
             设 文章标题标签 . 文本 为 选择列表 分解 文本 取 文章题目元素字串
                                                 分隔符 “ , ”
                                   中索引值为 1
                                   的列表项
             设 文章题目选择 . 选中项索引 为 1
             设 文章内容标签 . 文本 为 调用 看齐微数据库 . 获取数值
                                          标签 合并文本 文章标题标签 . 文本
                                                        “ @ ”
                                                        文章类别 . 选中项
                                                        “ @文章类别 ”
                                  无标签时返回值 “ 尚无文章内容 ”
     调用 充满屏幕
```

图 12-13　选择文章

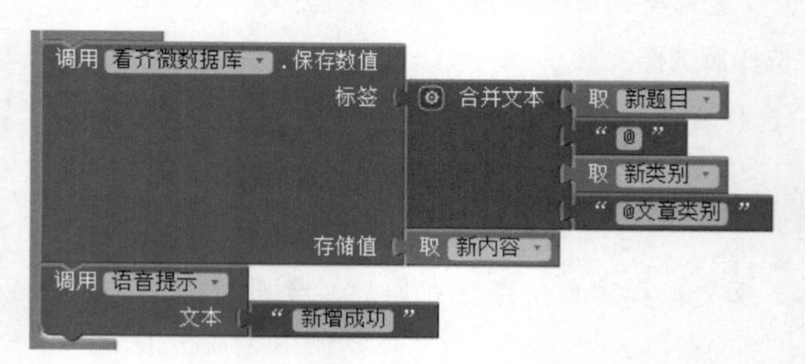

图 12-14　新增文章

4. 按钮被点击时振动并播放音效

当按钮被点击时，振动并调用按钮音效播放。具体代码如图 12-15 所示。

图 12-15 振动并播放音效

5. 语音提示

如果需要提示，则点击“语音提示”按钮，那么按钮振动并调用语音转换器，读出答案文本。具体代码如图 12-16 所示。

图 12-16 语音提示

6. 朗读合并后的文本

当“朗读”按钮被点击时，使布局不显示，停止“朗读”按钮显示，并调用文本语音转换器，朗读选择合并后的文本。具体代码如图 12-17 所示

图 12-17 朗读合并后的文本

7. 滑动条的处理

定义“起止段的输入校验”，首先判断所输入的起段数是否小于 1，如果是，则四舍五入，设置为“1”。如果输入的文本大于起段滑动条的最大值，那么设置起段的最大值为该值，滑块位置也为所输入的数值。如果起段文本的数值大于止段文本时，那么设置

止段的文本为起段文本。止段文本如果小于 1 则取为“1”；当止段文本大于最大值时，那么取最大值；当止段文本小于起段文本时就取止段文本。具体代码如图 12-18 所示。

图 12-18　组合节选段落

8. 设置“增加文章”按钮被点击后的代码

当“增加文章”按钮被点击时，则取消读背垂直布局，垂直布局显示新增文章，并设文本输入框的文本为“　”。具体代码如图 12-19 所示。

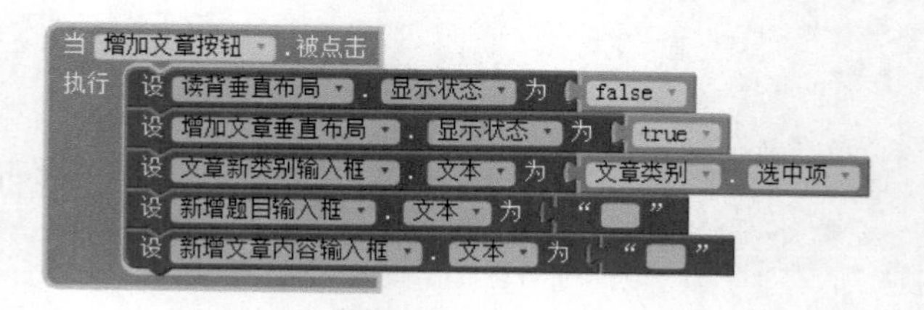

图 12-19　“增加文章”按钮的代码

9. 设置“启用”按钮的代码

定义“按钮启用”的过程，然后将“朗读按钮，开始背诵按钮，搜索按钮，返回按钮”启用。具体代码如图 12-20 所示。

图 12-20　**朗读开始**

10. 开始背诵

当“开始背诵”按钮被点击时，先将该按钮关闭，并发“闯关啦”音效，再显示该按钮，并打开另一屏幕，设置初始值为新的列表“文章类别，文章题目，文章内容”。具体代码如图 12-21 所示

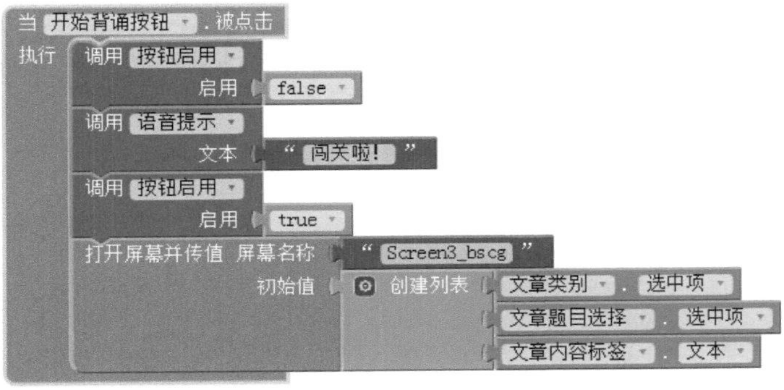

图 12-21　**开始背诵**

11. 参数传递

打开新的屏幕时传递一个列表作为初始值。再在被打开的屏幕初始化时，通过“获取初始值”将上一个屏幕传递的参数装入列表中，并提取出来。具体代码如图 12-22 所示。

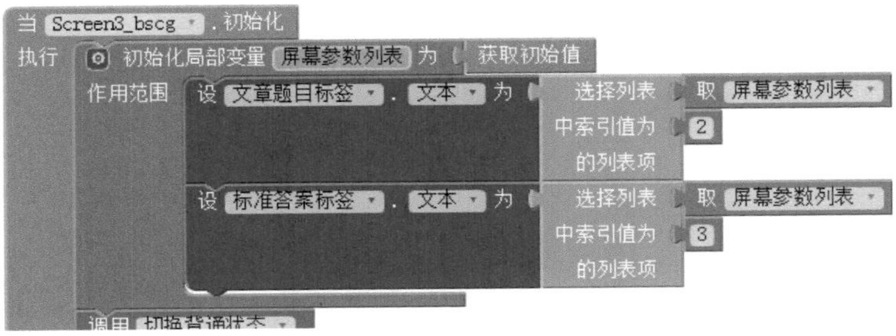

图 12-22　**参数传递**

12.11 背诵闯关屏幕的组件设计

“背诵闯关”屏幕（如图 12-23 所示）的组件设计相对较复杂，除了按钮、标签、图像、布局外，增加了计时器、音效、语音识别器和文本语音转换器，以及两个对话框。其参数设置如表 12-5 所示。

图 12-23 背诵闯关屏幕

表 12-5 背诵闯关屏幕的参数设置

组件名称		作用	命名	属性	
标签		展示标题	屏幕名称标签	背景颜色：透明 宽度：充满	字号：22 文本：背诵闯关
标签		分隔标签和布局	分隔线标签 1	背景颜色：透明 文本：+++++++++	字号：5 宽度：充满
标签		分隔标签和布局	分隔线标签 2	背景颜色：透明 文本：+++++++++	字号：5 宽度：充满
水平布局	标签	在水平布局中放置 2 个标签、1 个图像用于提示	布局辅助标签	背景：透明	高度：充满
	图像		形象图像	高度：充满	宽度：充满
	标签		背诵闯关注意事项标签	字体：14	宽度：65%
标签		显示文章题目	文章题目标签	背景颜色：透明 宽度：充满	字号：18 文本：文章题目
按钮		开始背诵计时	计时开始按钮	字号：20	文本：计时开始背诵

续表

组件名称		作用	命名	属性
垂直布局	标签	用于提示已背诵内容	背诵提示标签	背景颜色：透明　字号：16 文本：已背诵内容　宽度：充满
	标签	显示已背诵内容	已背内容标签	背景颜色：浅灰　字号：16 文本：\　宽度：充满
水平布局	按钮	点击后背诵继续	继续背诵按钮	背景颜色：粉色　字号：14 文本：继续　宽度：30%
	按钮	点击后提醒下一句	提示一下按钮	背景颜色：默认　字号：14 文本：提示我　宽度：充满
	按钮	点击后停止背诵	终止背诵按钮	背景颜色：粉色　字号：14 文本：投降　宽度：30%
标签		分隔两个垂直布局	分隔线标签 3	背景颜色：透明　字号：5 文本：+++++++++　宽度：充满
垂直布局	标签	出示答案标题	答案提示标签	背景颜色：透明　字号：16 文本：参考答案　宽度：充满
	标签	显示标准答案	标准答案标签	背景颜色：透明　字号：16 文本：标准答案标签　宽度：充满
	标签	用于标签与布局之间，使排列整齐	充满屏幕标签	背景颜色：透明　字号：4 文本：\　高度：1 像素
水平布局	按钮	点击后可自动生成背诵成绩并调用对话框显示	晒战绩	背景颜色：粉色　高度：充满 文本：晒战绩　宽度：50%
	按钮	点击后播放音效并关闭屏幕	返回按钮	背景颜色：默认　高度：充满 文本：载誉归来　宽度：充满
标签		展示作品口号	作品口号标签	背景颜色：透明　字号：12 宽度：充满 文本：诵而时背之，不亦乐乎

12.12　背诵闯关屏幕的逻辑设计

"背诵闯关"屏幕中需要创建 12 个全局变量。因为闯关屏幕要特别注意字符的处理，所以创建的变量大多为了处理字符，也有不同的用处。定义变量后分别初始化"有符号全文"、"无符号全文"、"已背有符号全文"、"剔除结果"为空（" "），设置"有符号全文长度"、"无符号全文长度"、"背诵开始时刻"、"待比较字符类型"等变量为 1。具体代码如图 12-24 所示。

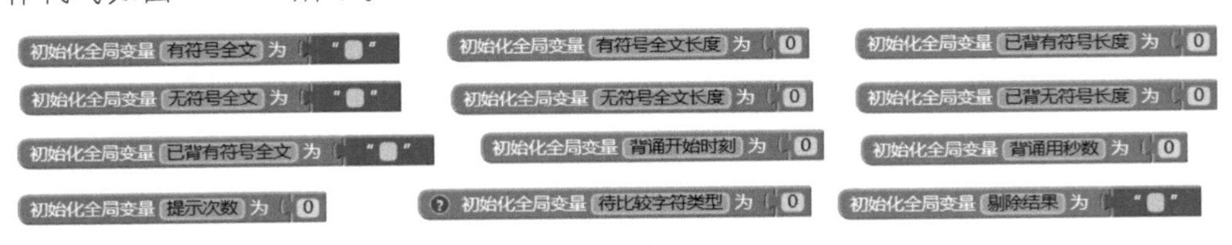

图 12-24　变量设置

1. 计时和刷新

本屏幕首先用到计时器组件自动统计背诵所用的时间，并且每秒自动刷新显示统计数据，具体做法是如下：

预先初始化几个全局变量，在“计时开始按钮.被点击”事件中赋初值，保存“调用计时器.求当前时间”为开始时间，通过“计时器.计时”事件定时，调用计时器，然后计算当前时间与开始时间的秒数间隔，再调用自定义的“统计显示刷新”过程，通过“统计显示刷新”过程转化为符合用户阅读习惯的统计数据格式并显示。

定时刷新的时间间隔，计时器组件的计时间隔可以根据需要设置，设置为 1000，单位是毫秒，1000 毫秒 =1 秒，即每隔 1 秒刷新 1 次。具体代码如图 12-25 所示。

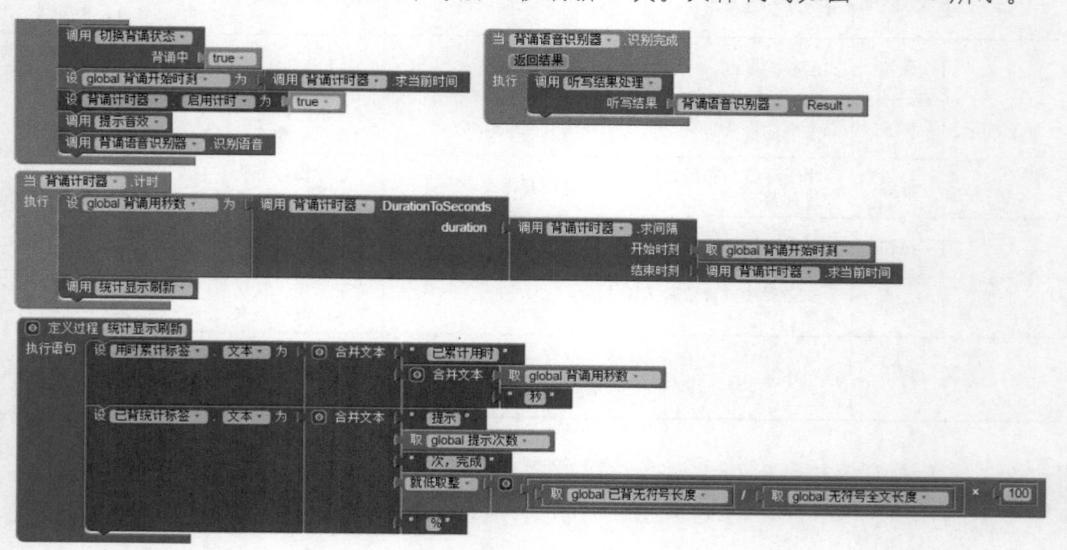

图 12-25 定时刷新的时间间隔

2. 复杂字符串的处理

背诵进行处理时，准备调用求字符类型这一过程，就要用到上面的大部分变量。首先，定义一个带参数的过程“求字符类型”逐字判断。使用“如果则，否则如果”控制语句，将自定义类型小于 10 的字符剔除。过程模块运行时，先将“待比较字符类型”变量赋值为 1。再通过“如果则，否则如果”比较文本大小，并给变量赋值相应内容（这里是为了剔除无意义的不属于汉字、数字、英文的字符）。具体代码如图 12-26 所示。

```
定义过程 求字符类型 zf1
执行语句 设 global 待比较字符类型 为 0
  如果 否定 比较文本 取 zf1 < "一" 并且 否定 比较文本 取 zf1 > "[illegible]"
  则 设 global 待比较字符类型 为 21
  否则，如果 否定 比较文本 取 zf1 < "0" 并且 否定 比较文本 取 zf1 > "9"
  则 设 global 待比较字符类型 为 11
  否则，如果 否定 比较文本 取 zf1 < "A" 并且 否定 比较文本 取 zf1 > "Z"
  则 设 global 待比较字符类型 为 12
  否则，如果 否定 比较文本 取 zf1 < "a" 并且 否定 比较文本 取 zf1 > "z"
  则 设 global 待比较字符类型 为 13
  否则，如果 比较文本 取 zf1 = "\"
  则 设 global 待比较字符类型 为 2
  否则 设 global 待比较字符类型 为 1
```

图 12-26 **复杂字符串的处理**

当字符剔除后，还要进行字符串的“全部替换”功能，即设“原文”为：文本“\n”。执行过程模块时，先将“剔除结果”变量设置为空；再创建两个局部变量：“长度”变量用于存储原文字数，初始值为 0；“字符”变量初始值为空。作用时，判断字数是否大于 0，如大于 0，则通过“循环取”代码块找出异样字符并替换。最后判断“待比较字符类型”是否大于 10，若大于 10，便合并文本得到结果。代码块如图 12-27 所示。

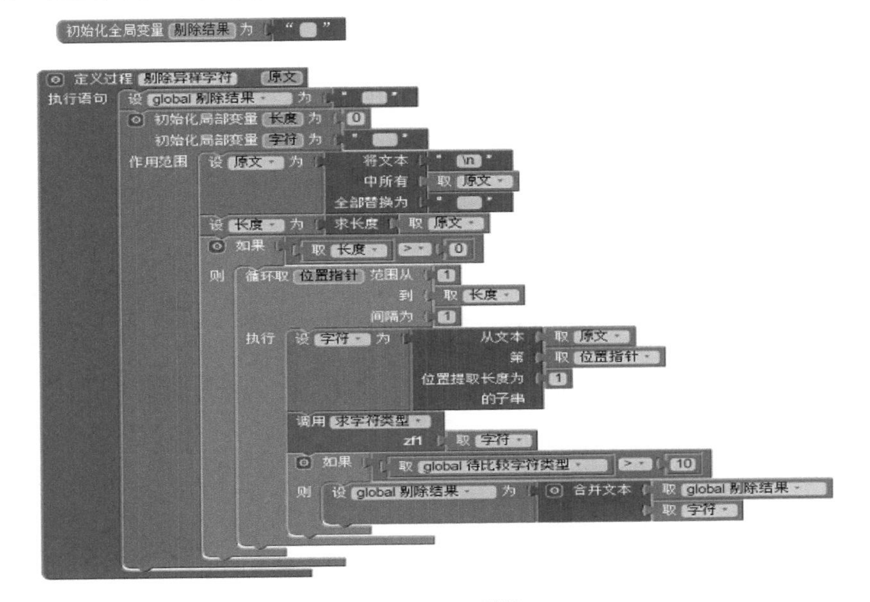

图 12-27 **替换**

因为需要根据识别结果拼装，所以定义带参数的“听写结果处理”过程。根据听写结果的长度，找出相应长度的标准答案并进行比对，如果正确，则调用自定义带参数过程“追加已背内容”，把文字、标点符号和控制字符逐个拼回到全局变量“已背诵有符号全文”中。详细代码块如图 12-28 所示。

```
定义过程 听写结果处理 听写结果
执行语句 调用 全文首字符处理
         调用 剔除音释字符
              原文 取 听写结果
         设 听写结果 为 取 global 剔除结果
         初始化局部变量 长度 为 求长度 取 听写结果
         初始化局部变量 答案 为 " "
         作用范围 如果 取 长度 > 0
                  则 如果 取 长度 + 取 global 已背无符号长度 > 取 global 无符号全文长度
                     则 设 长度 为 取 global 无符号全文长度 - 取 global 已背无符号长度
                     设 答案 为 从文本 取 global 无符号全文
                               第 取 global 已背无符号长度 + 1
                               位置提取长度为 取 长度
                               的子串
                     如果 比较文本 取 听写结果 = 取 答案
                     则 循环取 位置指针 范围从 1
                                        到 取 长度
                                        间隔为 1
                        执行 调用 追加已背内容
                                  字符 从文本 取 听写结果
                                       第 取 位置指针
                                       位置提取长度为 1
                                       的子串
                        设 已背内容标签 . 文本 为 取 global 已背有符号全文
                        如果 取 global 已背无符号长度 < 取 global 无符号全文长度
                        则 调用 提示音效
                           调用 背诵语音识别器 .识别语音
                     否则 调用 激活校正框
                               是否 true
                               背诵结果 取 听写结果
```

图 12-28　**详细代码**

3. 以递归算法收尾

先要给“符号全文”、“符号长度”、“待比较字符类型”赋值，再调用“求字符类型”过程，进行两次判断，执行递归，得出背诵结果。在“追加已背内容”过程中调用“追加已背内容”过程，具体代码如图 12-29 所示。

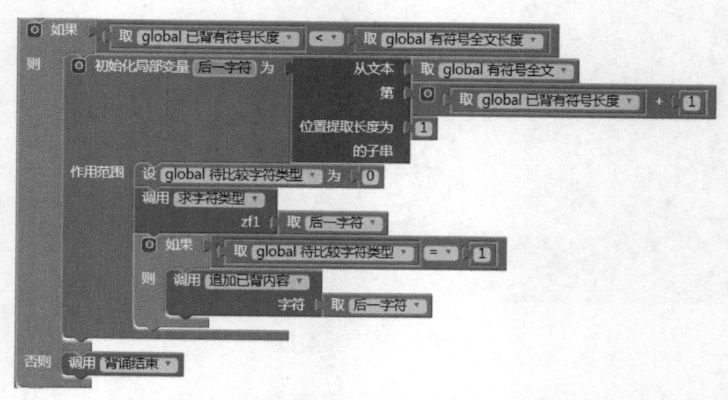

图 12-29　**具体代码**